南方山区流域小水电开发下河流生态响应与调控管理

刘树锋　关帅　高雪山　贾建辉　崔静思　著

中国水利水电出版社
www.waterpub.com.cn
·北京·

内 容 提 要

本书共 7 章，主要包括绪论、小水电开发对河流生态效应的影响、小水电开发下河流生态系统服务效应、基于 RVA 目标的河道生态流量、生态流量调度管理、基于演化博弈的生态流量适应性管理、小水电开发下生态补偿。

本书主要面向广大从事小水电行业的工程技术人员，包括设计、建设、施工、管理等领域相关专业的技术人员，也可作为高校师生、科研人员的参考用书。

图书在版编目（ＣＩＰ）数据

南方山区流域小水电开发下河流生态响应与调控管理/
刘树锋等著. -- 北京 ： 中国水利水电出版社，2023.3
ISBN 978-7-5226-1443-4

Ⅰ．①南… Ⅱ．①刘… Ⅲ．①水力发电站－影响－山区河流－生态系统－研究－中国 Ⅳ．①X522.6

中国国家版本馆CIP数据核字(2023)第041331号

书　名	南方山区流域小水电开发下河流生态响应与调控管理 NANFANG SHANQU LIUYU XIAO SHUIDIAN KAIFA XIA HELIU SHENGTAI XIANGYING YU TIAOKONG GUANLI
作　者	刘树锋　关　帅　高雪山　贾建辉　崔静思　著
出版发行	中国水利水电出版社 （北京市海淀区玉渊潭南路 1 号 D 座　100038） 网址：www.waterpub.com.cn E-mail：sales@mwr.gov.cn 电话：(010) 68545888（营销中心）
经　售	北京科水图书销售有限公司 电话：(010) 68545874、63202643 全国各地新华书店和相关出版物销售网点
排　版	中国水利水电出版社微机排版中心
印　刷	河北鑫彩博图印刷有限公司
规　格	170mm×240mm　16 开本　9.5 印张　186 千字
版　次	2023 年 3 月第 1 版　2023 年 3 月第 1 次印刷
定　价	**88.00 元**

前　言

　　小水电站在解决农村用电、巩固脱贫攻坚成果、推进美丽乡村建设以及助力实现"双碳"目标等方面发挥了至关重要的作用。但随着我国生态文明建设和绿色发展的持续推进，小水电发展面临着前所未有的新形势、新挑战。受开发理念、技术、资金等因素制约，小水电不可避免地会对河流的水环境、水动力、水生态等方面产生影响，主要表现为改变了河流水文特征、局部河段减水脱流、影响河流生态和下游生产生活用水、闸坝阻隔破坏了河流连通性及水生生物栖息地等方面。新时期小水电如何实现绿色转型和可持续发展成为我国生态环境保护的重要议题，迫切需要开展针对性的研究。

　　我国南方山区流域水系发达、水能资源丰富，小水电站数量众多且分布范围广。其中，广东省在小水电宗数与水能资源开发率方面均位居全国首位，而北江流域由于水能资源禀赋好，是广东省小水电开发最密集的区域。基于此背景，本书选取北江流域内的二级流域锦江流域为代表，开展南方山区流域小水电开发下河流生态水文响应关系及生态调度管理机制，以期为复苏河湖生态环境、实现小水电高质量发展提供理论依据与技术参考。

　　本书主要是在作者过去工作成果的基础上，重新加以整编完成。全书共分7章，主要包括：①集中反映南方山区河流小水电开发下河流生态水文响应规律；②系统分析小水电开发对河流生态系统服务的影响；③基于RVA框架推求河流生态流量并量化低于流域生态流量的风险，同时提出了面向生态流量保障的流域生态调度方案；④建立了小水电经营和水资源管理之间生态流量管理的博弈演化模型，提出了生态流量适应性管理模式；⑤研究分析小水电开发的生态补偿政策框架体系，从体制机制和政策等角度提出水电生态补偿政策的建议。本书研究成果对实现农村小水电站可持续发展、建设好"美丽乡村"、助力"双碳"目标实现具有重要意义。

本书主要面向广大从事小水电行业的工程技术人员，包括设计、建设、施工、管理等领域相关专业的技术人员，旨在为大家提供一个参考借鉴。本书图文并茂，可读性和实用性强，亦可作为高校师生、科研人员的参考用书。

本书第1～3章由刘树锋撰写，第4、5章由关帅撰写，第6章由高雪山撰写，第7章由贾建辉撰写，崔静思参与了第4章内容的撰写。

本书的出版得到了广东省水利厅、茂名市水务局的大力支持，编写过程中参阅了相关文献和研究成果，在此谨向有关领导、同仁和专家表示衷心的感谢！书中遗漏和偏颇之处，敬请读者批评指正。相关建议可发电子邮件 gdsky_nsndsbs@gd.gov.cn。

作者

2022 年 11 月

目　录

第1章 绪 论

1.1 研究背景

随着我国社会经济的高速发展,生态及环境用水受到不同程度的挤占,河道断流的现象时有发生,生物多样性也在不断减少,植被退化、气候异常等生态与环境问题经常出现。水利工程在发挥防洪、供水、灌溉等社会效益的同时,受开发理念、技术、资金等因素制约,不可避免地会对河流的水环境、水动力、水温等产生影响[1]。水利工程的建设和运行对河流生态系统的胁迫主要表现在:一是改变河流水文特征,局部河段减水脱流,影响河流生态和下游生产生活用水[2];二是闸坝形成阻隔,破坏河流连通性,影响洄游鱼类等水生生物生境[3-5]。小型水电站工程由于规模小,在以往的研究中往往没有引起足够的重视。小水电具有分散性、简单性、数量多等特性。根据水利部《2017年农村水电年报》,截至2017年年底,全国已建设小型水电站47498宗,而仅广东省就占全国的21%,有近万宗之多。部分小水电在实际运行中片面强调经济效益,造成下游河段时常脱水,对下游河道的生态环境、生态系统造成严重破坏,因此本书从小水电着手,以期从理论上对小水电行业的转型升级提供参考。

近年来我国越来越重视生态环境的保护工作,生态文明建设被放在突出的战略位置。2017年7月,中共中央办公厅、国务院办公厅公布了《甘肃祁连山国家级自然保护区生态环境问题的通报》,明确指出祁连山水电设施存在违法建设、违规运行、高强度开发等问题,由于在设计、建设、运行中对生态流量考虑不足,祁连山国家级自然保护区内部分河段出现减水甚至断流现象,水生态系统遭到严重破坏。同年,中央部署开展了生态环境保护督察及"绿盾2017"国家级自然保护区专项督查行动,安徽、四川、福建等多省小水电工作分别被督察组、绿盾行动督查指出问题。中央生态环境保护督察、省级自然保护区专项督察的反馈意见明确指出四川省存在自然保护区内小水电问题整改不规范、水电生态流量不足的问题，此后四川省全面开始实施小水电清理整改工作。2018 年 6 月，国家审计署发布《长江经济带生态环境保护审计结果》，在资源开发、生态保护方面的第一项问题就是长江经济带各省份小水电对生态环境产生的不良影响，包括水能资源开发强度较大、未经环评即开工建设、在自然保护区划定后建设小水电、过度开发导致河流断流等问题[6]。

2018 年 12 月，水利部、国家发展改革委、生态环境部和国家能源局四部委联合下发了《关于开展长江经济带小水电清理整改工作的意见》，对长江经济带小水电生态环境问题全面开展以生态流量为重点的清理整改工作，同时对长江经济带以外的省份做出部署。2021 年 7 月 8 日，广东省人民政府印发了《广东省小水电清理整改工作实施方案》，对广东省的小水电站开展全面的清理整改工作。

广东省在小水电宗数与水能资源开发率方面均位居全国首位，而北江流域由于水能资源禀赋好，是广东省小水电开发最密集的区域。基于此背景，本书选取北江流域内的锦江小流域为研究对象，开展小水电开发干扰下的生态水文响应关系及生态调度管理的研究，可为我国小水电开发河流的生态流量保障工作提供理论依据与技术参考。

1.2　研究区域

水能资源作为国际公认的清洁可再生能源，是我国能源资源中的重要组成部分。广东省水资源丰富，年降水总量达 3194 亿 m^3，河川径流总量 1819 亿 m^3，加上从广西的西江、福建和江西的韩江等流入广东的客水量 2330 亿 m^3，水能资源理论蕴藏量为 1137 万 kW，技术可开发量为 992.5 万 kW。与此同时，广东省小水电资源开发利用程度较高，达到 88.3%，远高于全国其他省份（全国平均为 62.5%）。广东小水电站遍布全省，涉及全省 21 个地级市，89 个县（市、区），1167 个乡（镇），主要分布于粤东、西、北山区，集中在北江和东江水系。为了使选取的案例具有代表性和典型性，本书选取北江流域的二级流域——锦江流域为研究对象，该流域的小水电梯级开发多，具有人类活动扰动大的特征。该流域面积为 1913km²，绝大部分位于仁化县。该县地处广东省北部、韶关市中部，是一个"八山一水一分田"的典型山区县，自古为"五岭南北经济文化交流之枢纽，湘、粤、赣交通之咽喉"。全县总面积 2204m²，由于地质构造关系，区内山川纠结，地形复杂，海拔 500m 以下山地丘陵面积占 17.8%，山坡地约占 25%，地势较平缓，复杂的地形具有典型的南方山区特征。因此，本书选取锦江流域为代表，探究南方山区流域小水电开发下河流生态响应规律与调控管理问题具有一定的代表性和典型性。

1.2.1 流域概况

1.2.1.1 自然和社会经济

锦江属珠江流域的北江水系，发源于湖南、江西两省和仁化县交界的万时山。干流全长108km，流域面积1913km²，主流平均比降1.71‰，多年平均流量44.55m³/s（仁化水文站）；流域地势北高南低，呈北向南走向；上游属山区高丘地带，一般高程250～500m，林木茂密，植被良好。锦江流域属中亚热带气候，受季风和地形的影响较大，夏季盛行偏南风，冬季盛行东北风，工程位置气候湿润，雨量丰沛，区多年平均气温19.5℃，最高月平均气温28.4℃（发生在7月），最低月平均气温9.2℃（发生在1月），极端最低气温－5.4℃（发生在1967年1月17日），年极端最高气温40.2℃（发生在1969年7月27日）。仁化县年平均降雨天数153天，多年平均降雨量1611.0mm，年最小降雨量1117.4mm（发生在1967年），年最大降雨量2060mm（发生在1959年）；多年平均水面蒸发量1340mm，多年平均陆地蒸发量704.8mm。

锦江流向自北而南，流经长江、双合水、恩口、小水口、仁化县城、丹霞山、夏富和细瑶山，在细瑶山出仁化县境，至韶关市曲江区白芒坝汇入浈江。出锦江峡谷口为下游区，此区地势较为开阔平缓，属低山垌田区，是仁化县城所在地，文化政治中心。锦江水库下游有仁化县城、丹霞山，锦江水库的修建大大减轻了仁化县城的防洪压力。锦江在仁化县境内水能资源丰富，水库下游仁化县境内有4个梯级电站，是仁化县供电的重要来源。

2020年仁化县实现生产总值1035148万元，按可比价计算，比上年增长2.9%，其中，第一产业增加值227614万元，增长3.5%；第二产业增加值425191万元，增长5.6%；第三产业增加值382343万元，下降0.1%；第一、第二产业对经济增长的贡献率分别为24%和77.4%。三次产业的结构比重为22：41.1：36.9，第三产业所占比重比上年下降2%。

1.2.1.2 小水电开发利用

锦江水资源开发利用程度较高，为了缓解流域内用电紧张和水患严重的情况，锦江干流上建设了12个梯级电站，各梯级电站位置及水系如图1.1所示，电站特征参数见表1.1。

所有梯级电站中以锦江水库电站为骨干性水利工程，水库距离仁化县城约7km，坝址以上集雨面积1410km²；库区地层属寒武系八村群、变质砂岩为主，属山区高丘地区，林木茂密，植被良好。锦江电站枢纽由拦河坝、坝顶溢洪道、坝后地面厂房等组成。拦河坝为混合坝（由堆石坝、混凝土重力坝组成），坝高62.45m、坝长229m、坝顶宽7m。锦江水库总库容1.89亿m³，兴利库容0.68

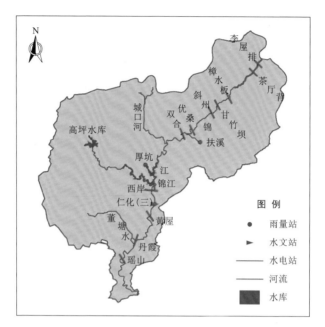

图 1.1　锦江干流梯级电站位置及水系示意图

亿 m³，调洪库容 0.45 亿 m³，为季调节水库，设计洪水标准 100 年一遇，校核洪水标准为 1000 年一遇。工程效益以防洪、发电为主。电站装机容量 2.5 万 kW，年发电量 9370 万 kW·h。保护人口 1.26 万人、农田 1.2 万亩。工程从 1990 年 7 月 20 日开工，1993 年 8 月 10 日并网发电，总投资 1.83 亿元。

　　锦江干流上修建的电站影响了水系连通，特别是由于锦江水库的调节，降低了高脉冲流量出现的频率和变化幅度，改变了河流的物理特征和水文情势，影响河流内水生生物的生态系统与种群群落。

表 1.1　　　　　　　　　锦江各梯级电站基本情况一览表

序　号	1	2	3	4	5	6
电站名称	李屋排	茶厅背	樟水板	甘竹坝	斜州	优桑
开发任务	发电为主	发电为主	发电为主	发电为主	发电为主	发电为主
开发方式	引水式	河床式	引水式	引水式	坝后式	引水式
集雨面积/km²	83.5	150	239.7	275	378	402
装机容量/kW	375	445	800	750	1050	1500
保证出力/kW				263		676
多年平均发电量/(万 kW·h)	75.03	82.64	254.21	230	345.45	592

序　号	1	2	3	4	5	6
发电设计流量 /(m³/s)	6.84	17	14.3	15.6	33.01	19.5
投产日期	2005 年 12 月	2008 年 12 月	2001 年 10 月	2003 年 2 月	2002 年 10 月	1993 年
序　号	7	8	9	10	11	12
电站名称	双合	锦江	西岸	黄屋	丹霞	瑶山
开发任务	发电为主	防洪、发电为主	发电为主	发电为主	发电为主	发电为主
开发方式	坝后式	坝后式	河床式	河床式	引水式	河床式
集雨面积/km²	595	1410	1413	1484	1518	1874
装机容量/kW	1650	25000	2600	2700	6000	6000
保证出力/kW	457		1105	565	1162	843
多年平均发电量 /(万 kW・h)	534.6	9370	968	915	2073	1474
发电设计流量 /(m³/s)	50.17	88	73.7	90	95	101
投产日期	2003 年 9 月	1993 年 8 月	1993 年 4 月	1996 年 11 月	1995 年 11 月	1998 年 8 月

1.2.2 研究区环境特征分析

1.2.2.1 河流连通性

　　小水电的梯级开发对河流连通性的影响主要体现在随着梯级工程的修建，破坏了原自然连续的天然河流，改变了原有的水文过程，也切断了原生物栖息地间的联系，进而影响生态系统结构和功能。河流连通性一般分为纵向连通性和横向连通性，小水电的梯级开发对河流连通性的影响主要体现在纵向连通性上。因此，本书用纵向连通性指标来衡量小水电开发对河流水生态系统的影响。纵向连通性的计算公式为

$$I_i = \frac{n}{l} \tag{1.1}$$

式中：I_i 为纵向连通性指标；n 为河流上闸坝的个数；l 为河流的长度。

　　结合纵向连通性划分等级标准（表 1.2），得出锦江连通性：锦江干流全长108km，小水电站共 12 个，连通性指标为 11.1 个/100km，且均没有单独设置过鱼通道，属于纵向连通性划分等级表中"极差"的状况。锦江干流上的梯级电站呈上下游首尾衔接、密集开发的态势，这与早期水能资源开发理念有关，过分强调对水能资源的高效利用，较少关注河流生境破碎化的影响。

表 1.2   纵向连通性划分等级标准

指 标	优	良	中	差	极差
$n/1000km$	0	1~2	2~4	4~6	6~10
$n/100km$	<0.3	0.3~0.5	0.5~0.8	0.8~1.2	>1.2

1.2.2.2   河流水生态特征

瑶山电站坝上、下游河段浮游动物的种类数、密度、生物量都较低，但坝上河段稍高于坝下。坝下河段浮游动物仅发现 1 种轮虫和 1 种枝角类，坝上河段浮游动物主要是肉足虫。由于坝下水体有一定的流速，受河水的冲洗涤荡影响，大量无机悬浮物、杂质悬浮于水体中，这不利于浮游动物滤食。因此，其种类和数量往往很贫乏，而坝上水体流速相对较缓，有利于浮游动物生存和繁殖，因此，其种类、密度和生物量较坝下相对丰富。由于瑶山电站坝上库区水深较大，库底泥沙沉积，淤泥深厚，因此底栖动物以适应泥沙淤泥底质的棱螺、河蚬等软体动物为主；坝下河段水深较浅，底质为砾石、砂卵石，这有利于淡水壳菜的大量附着生长，因此瑶山电站坝下河段出现大量的淡水壳菜。

总体上，瑶山电站反映出坝式电站的生态影响特点，库区水深加大流速减缓，有利于浮游生物的生长繁殖，库底泥沙淤积使得底栖动物转变为适应淤泥底质的软体动物等。

1.2.3   水生态环境存在问题

（1）梯级电站过度开发，河流连通性较差。锦江干流上的梯级电站呈上下游首尾衔接、密集开发的态势，闸坝对水流形成阻隔，且电站均未修建过鱼通道，影响河流生态系统的完整性和连续性，增加生境的破碎化和边缘效应，对于需要稳定环境的物种而言，破碎化使其生境范围变窄，更易受到外界的干扰。同时由于受到闸坝的阻隔，山区性河流自然流动的状态受到严重节制，直接导致河流内生态系统中的物种从喜爱急流趋向于喜爱静水状态演变，河流中原本的生态系统逐渐丧失。

（2）电站的运行未考虑下游河段的生态需水。目前锦江上的各梯级电站均未开展生态流量的率定工作，电站仅从经济效益最大化的角度充分利用水能资源，在运行调度中未考虑下游河道对生态用水的需求，锦江水库作为干流上的龙头水库，甚至出现下泄流量为零的时段，严重影响下游河道的生态系统。

1.3   国内外研究现状

1.3.1   生态流量的相关概念及应用

20 世纪 40—60 年代末，由于水利工程的大量兴建，美国许多河道径流大幅度减少，对渔业资源产生了严重的影响。为此渔业和野生动物保护组织（United States Fish and Wildlife Service，FWS）和政府管理部门开始对径流量的变化进行研究，并提出了生态流量的概念，此时的生态流量以确定河道中最小流量为目的，主要用以维持一些特定物种（如鱼类）的生存，这是生态环境需水量概念的雏形[7]。1972 年，*River Ecology and Man* 一书出版，为河流与生态关系的研究奠定了基础[8]。20 世纪 70 年代，陆续出现河道内流量、最小可接受流量以及环境流量等相关概念，水库、水电站和大坝的管理人员是确立和保障生态流量的参与人员，由于生态流量的量化没有系统的理论作为支撑，管理经验作为生态流量制定的主要依据。此后，生态流量研究受到了管理部门和学术领域的普遍关注，美国通过立法将生态环境需水量列入地方法案，促进了河道生态环境需水量定量化的研究，如 Tennant 法[9]。上述研究由于较少考虑到水生生物生境需求，单纯基于水文分析的研究理论缺乏足够的生态学基础。随后，河道内流量增加法（instream flow incremental methodology，IFIM）逐步得到广泛应用[10]。1978 年的第二次水资源评估，美国正式拓展了生态需水的内涵，不仅考虑鱼类和水生生物的需水，还将航运、发电、旅游等方面的流量需求也纳入考虑范围[11]。至 20 世纪 80 年代，澳大利亚、南非、新西兰、英国等国已开始普及生态流量的概念，而美国已进入全面调整流域开发和管理目标，针对流域的生态环境需水，逐步形成了生态环境需水分配的雏形。Gore 等提出生物群落的最小流量，并建议将该流量作为管理决策的一部分，其目的是希望能从管理决策者的角度，维持生态系统和流域的生态环境[12]。1993 年，Covich 等提出生态流量含义的雏形：为保证恢复和维持生态系统健康发展所需的水量。1998 年，Gleick 从最大化和最小化两个角度，首次将生态需水量具体化：为了最大限度地保护物种多样性和生态系统的完整性，且最小程度地改变生态系统，需要提供给自然生态环境所需的一定数量和质量的水，用以保护生态系统的完整性和物种的多样性[13]。Rashin 等认为需要有足够的水量来保护河流、湖泊和湿地生态系统，使具有娱乐、航运和水力发电功能的河流和湖泊要保持最小流量[14]。Baird 等在分析水文条件和植物生长之间的相互作用关系前提下，强调水资源、水文条件对生态系统的保护和恢复起到的巨大作用[15]。Whipple 等基于相关的研究成果，从管理角度提出环境需水是进行水资源规划和管理时需要考虑的主要约束条件[16]。

我国关于生态流量的研究可以追溯到 20 世纪 70 年代末，关于对河流最小流量问题研究的开始[17]。1988 年，在《水资源保护工作手册》中，出现了与流域生态用水相关的内容，但对于"生态用水"一词未有明确的解释[18]。80 年代末期，汤奇成在分析新疆塔里木盆地水资源对绿洲建设影响时，提出"生态环境用水"的概念，这是我国首次正式提出生态环境用水[19]。在明确与生态流量相关概念的同时，国内已经在生态环境脆弱的干旱半干旱地区开展了相应的实践，并从环境的风险性角度，量化大型水电工程复杂的生态环境风险[20]。随着生态需水量概念的明确，生态环境需水计算的方法也趋于定量化和多样化。王西琴等认为，最小环境需水量需要满足河流自净功能的最小水量阈值，并据此设定了相应的最小环境需水量的计算方法[21]。21 世纪初，我国学者钱正英等、夏军等、严登华等相继提出生态环境用水、生态需水量的概念[22-24]。为了保障流域的可持续发展，尤其是保障河流生态环境稳定性，近年来，生态流量等相关研究得到了越来越多的重视[25]。我国学者从不同角度，根据实际问题提出与生态流量相关的概念得出相应的计算方法，并在相关案例中予以实施。如：苏飞等在分析最小生态流量的内涵和意义基础上，分析维持河流水体生存的阈值[26]。量化河道的最小生态流量百分率，通过分析其特点，初步建立了辽河河道与最小生态流量相关的控制标准。张强等以月径流作为分析数据，全面而系统地分析了珠江流域 11 个水文站点的实测月径流量数据，结果显示各月径流系列的 50% 为珠江流域最合适的生态径流[27]。邵东国等提出水域面积法，针对如何改变水电站运行调度方式，解析维持河道下游生态环境所需的流量，并将上述计算方法实施在北江上游的浈江，量化出罗坝枯水期所需的生态流量为 $2.26\text{m}^3/\text{s}$[28]。徐伟等针对采样传统水文学方法，计算生态流量结果偏小的问题，利用降水径流资料，提出了改进的 7Q10 法，结果显示改进后的方法计算出来的最小生态流量更合理[29]。刘铁龙等以渭河流域过去的 69 年（1950—2018 年）的月径流资料为基础，在径流考虑年内分配不均对生态流量影响的基础上，采用广义极值分布函数（generalized extreme value，GEV）确定各月生态流量[30]。

总体上，与生态流量相关的概念国内外学者从不同角度提出不同的概念，并且不同阶段出现不同的表述，如：环境用水、生态用水、生态环境用水、环境需水、生态需水、生态环境需水、环境流量、生态流量、生态环境流量等。由于不同的学者从不同角度解析生态流量问题，因此关于生态流量的含义还未有统一的定义。目前，生态流量计算方法较多，从最初的 Tennant 法[9,31] 的提出，及其他学者陆续给出的 7Q10 法[32-33]、Texas 法[34]、NGPRP 法[35]、可变范围（RVA）法[36-38]、IFIM/PHABSIM 法[39]、R2CROSS 法[40]、ELOHA 框架[41-42]，国内外学者已提出了 200 多种评估生态流量的方法。这些方法大致可分为水文学、水力学、栖息地模拟和整体分析四类。可见，研究思路和技术手段的不同，导致对生态流量的定义和计算方法也各不相同，但都是为了解决相应阶段关注的生态问题并用来制定水资源管理对策。

1.3.2 小水电开发对生态环境影响和径流的还原

环境影响评价作为独立的概念，于 20 世纪 60 年代被首次提出，此概念的提出对环境保护和生态文明建设具有深远的意义[43]。美国为了使环境保护从行政上给出有力的解决手段，于 1969 年制定了第一部关于环境保护的法案，即《国家环境政策法》，此后环境影响评价作为建设项目工程立项的重要工作之一。生态环境影响评价由环境影响评价发展而来，河流生态系统具有一定的结构和功能，由于水库（电站）的建设和运行，尤其是过去的运行未考虑河流生态系统，对河流的生态环境产生了很大的改变。据统计，目前全世界 160 个国家 15m 以上的大坝达 45000 宗，控制着全球 20% 以上的径流量，我国 15m 以上的大坝有 22000 宗。20 世纪末 Graf 等提出，大坝破坏了美国大陆的河流系统，其对河流流量的影响比全球气候变化可能造成的影响大几倍[44]。事实上，大坝对河流的影响不仅表现在径流的影响，还表现为对河流生物的潜在影响，Karr 等提出 1972 年《水污染控制法》(*Water Pollution Control* Act，PL 92 - 500) 的"可捕鱼和可游泳"目标及其恢复和维持生物完整性的费用，说明了大坝建造对河流的影响。可见，水库（电站）的建设和运行给防洪、发电、灌溉、供水、养殖以及旅游等方面都带来了巨大的经济社会等的综合效益，同时给河流（流域）带来了严重的生态环境影响[45]。Hahn 等提出，在认识到全球范围内河流水文变化的不断加剧和由此造成的环境退化，确定生态系统保护和资源保护所需的水量和水质是必要的[46]。Murchie 等于 21 世纪初再次提出大坝向人类提供水电、淡水、防洪、灌溉和娱乐等服务，在现代社会中发挥着重要作用，但也存在着可能对鱼类和鱼类栖息地产生负面影响的潜在后果[47]。河流生态学已发展成为继湖沼学之后另一个十分活跃、高度交叉的学科[48]。

相关的专家学者从不同角度分析水电开发对生态环境的影响，主要的影响表现在水文、水质、泥沙、栖息地、水生生态系统功能、景观以及生态环境的累积影响。如：Battle 等以美国 Atchafalaya 河流域为研究对象，研究发现冬季枯落物的分解速率比春季和冬季较低与冬季较低的微生物活动有关，具体地，经历了季节性的洪水脉动，由于温度升高的影响，水生植物在秋季比冬季腐烂得更快[49]。早在 20 世纪，根据水库（电站）的运行结果，美国资源管理部门意识到水利工程的建设和运行给鱼类带来不少影响，且较多的渔场发生鱼量减少现象，并就河流流量与鱼类的关系开展研究。Muth 等通过评估濒危鱼类的流量-栖息地关系，完善 1992 年《生物意见》中规定的流量和温度建议[50]。提出恢复濒危鱼类的总体目标需要维持种群数量，并保护它们赖以生存的栖息地。Saito 等研究了一种新型温控装置（TCD），并将该装置设置在加州沙斯塔湖大坝上，采用了关联建模方法，用水库水质模型来预测温度变化引起的浮游植物产量变化[51]。Duel 等提出水资源管理者必须采取措施改善河流和湖泊的生态功能和质量，使其达到良好或高质量的状态，以地理信息系统为基础，结合包含生态和水资源的数据库，应用生境评价技术的生态系统方法，评估生态修复措施的有效性[52]。郝增超等提出基于栖息地的多目标评价法，将加权可利用面积、流量最小两者设为分析目标，并以鱼类作为指示物种，据此计算河道所需的生态需水量[53]。Murchie 等发现自然情况下的河流每年出现的春汛对于下游的鱼类产卵场淹水或农田灌溉影响重大[47]。美国最早把累积影响评价纳入环境影响评价，如 Cooper 等在研究累积影响评价时，分析了 1980—1992 年的 30 项环境评价活动样本，发现 14 项环境影响评价项目提到了累积影响[54]。20 世纪末，加拿大环境评价署组建了累积影响评价研究组，制定了累积影响评价程序、评价步骤和评价方法，并发布了《累积影响评价实践指南》[55]。1983 年，Maynard M. Hufschmid 和 John Dixon 从环境影响经济的角度，在《环境自然资源与开发：经济评价指南》《环境的经济评价方法——实例研究手册》中，首次全面系统地提出相关的评价理论和方法。Morris 于 20 世纪末系统描述了欧洲环境影响评价使用的方法，提出了环境影响评价方法的发展趋势[56]。我国的《环境保护法》自 1979 年开始实施，针对包括环境影响的经济评价的建设工程进行评价，相关的技术性的评价指南和法律文件对环境评价带来一个新的指引和保障。

事实上，为了有效保护河流生态，减少大坝对河流生态的影响，常采用河道湿周法、加权有效宽度法、R2CROSS 法、有效宽度法、快速生物评估草案法、流量增加法等来评价大坝对河流生态的影响[57-61]，上述理论基础和评价方法在近年间得到了持续的发展和完善。与此同时，不少学者从径流量的还原角度解析大坝对河流生态的影响，即通过对比还原前后径流的大小，及采用相关的指标来量化大坝对河流生态的影响。张洪波等分别采用还原系数法和径流系数法计算了殿市水文站控制产汇流区的淤地坝逐年拦蓄水量，并将两种方法的结果进行对比，论证了还原系数法还原径流的可行性[62]。张洪波的研究方法中由于难以取得准确的农业灌溉数据，因此计算出来的径流还原成果会存在偏差，其他的评价方法也有各自的缺点。如：降雨径流模型法计算出来的结果不易外延，因此对还原结果的精度也有影响；综合修正法的精度取决于使用者的实际工作经验；蒸发资料的不足是限制流域蒸发插值法的主要原因。随着人工智能的出现，不少专家学者将人工智能应用于径流的还原计算中，如：Sajikumar 等结合人工神经网络[63]，Whigham 等引入遗传算法[64]。

1.3.3 适应性管理及应用

自然科学领域是最早提出适应性概念的，最开始的内涵为个体（系统）通过改进遗传或者行为特征，以适应环境的变化，并通过遗传保留相应的适应性特征[65]。随后在适应性概念的基础上，管理科学提出"适应性环境评估与管理"（adaptive environmental assessment and management）。它是由生态学家 Holling 和 Walters 于 1973 年提出的某一系统在遭遇干扰、发生改变后，仍能保持弹性，进行自我重组、自我调整并保持系统基本架构的概念，并给出适应性管理的含义：适应性管理旨在创建适应性管理政策，可以帮助组织、经营、回应其他利益相关者，甚至利用不可预见的事件[66-67]。此后，"适应性环境评估与管理"名称演化为适应性管理，并被用于各个领域，如组织行为、宏观经济学、决策理论和政策分析[68-69]；与此同时，相关学者以产业经营理论为基础，发展为生态系统的适应性管理。Johnson 认为适应性管理可分为"主动式"和"被动式"适应性管理[70]。1993 年，Ludwig 等在 *Science* 上发表的《不确定性，资源开发与保护——历史的教训》一文，引发了如何解决管理中存在的不确定性问题的讨论[71]。21 世纪初，于贵瑞等在详细地论述生态系统的生态学完整性、边界和时空尺度时，提出生态系统的管理需要引入适应性管理，实现生态系统多样性与可持续生态系统[72-73]。Folke 等提出弹性思维关注复杂社会生态系统（social ecological system，SES）的动态和发展，三个方面是核心：弹性、适应性和可转化性；而适应性是弹性的一部分，它代表了调整对不断变化的外部驱动因素和内部过程的响应能力[74]。Clark 和 Kingsford 将适应性管理在渔业中尝试使用，且不断推广应用于水生态系统的修复与保护方面，为生态环境保护提供技术与决策指导，并取得较好成果，适应性管理在自然资源管理领域也于 20世纪末开始实施[75-76]。如：1999 年，Lee 提出生态系统适应性管理目标的实现，需要充分理解生态系统"满足度"的含义[77]。George 等在进行海洋生物和深海珊瑚生态系统的管理研究时，应用了适应性管理含义[78]。Wells 等在分析坦桑尼亚东北部城市坦噶的沿海生态系统时，也应用了适应性管理[79]。Prato 区分了被动和主动适应性管理，并针对一个假设决策问题描述了静态和动态环境下主动适应性管理的贝叶斯方法，在生态系统不可持续的情况下，通过建立适应性管理分析是否能改善这种状态[80]。

气候的变化和人类活动的综合影响，增加了水资源系统的不确定性，因此不少学者把适应性管理引入到水资源管理中，通过不断学习、反馈来增强水资源系统自身对不确定性的适应性。如：由于水资源一体化管理较为复杂，涉及内容较多，因此水资源一体化的过程是复杂的适应系统，Geldof 据此提出适应性的水资源管理，通过不断地适应变化来调整平衡策略的复杂适应系统，可以处理水资源一体化管理过程中遇见的各种不确定性问题[81]。Wieringa 等将适应性管理运用于葛兰峡谷大坝，探讨对科罗拉多河下游的自然资源和生物多样性进行管理的有效方法[82]。Meretsky 等在 1996 年科罗拉多河大峡谷第一次计划洪水期间，分析濒危物种和生态系统管理之间的冲突，建议在生态系统管理中尽早广泛实施适应性管理，以便在出现冲突时提供相关信息，实现解决冲突的目的[83]。Bars 等通过研究水资源配置与集体农业用水户之间的相适应性，利用适应性理论构建了主体仿真模型，进行水资源的有效配置[84]。气候的变化已成

11

为水资源的重要影响因素，为了优化水资源的使用，Kathrin、Syme、Null 等将自适应机制引入到复杂的水资源配置中，对气候变化下的水资源适应性配置方法展开了研究，为特定环境下的水资源管理提供借鉴[85-87]。Bennett 等认为适应性管理是有效保护、利用和管理澳大利亚沿海集水区和水道的途径，并提出了一种适应性管理方法，以促进《珊瑚礁水质保护计划》（RWQPP）的实施[88]。Gregory 等基于决策分析的观点，认为适应性管理需要综合考虑社会、经济和环境 3 个方面，提出了适应性管理作为一种改进环境管理决策的技术的框架，并以哥伦比亚的水资源利用计划（WUP）为例，为 20 多个主要水电设施运营计划提供适应性管理模式[89]。Pahl-Wostl 指出从现行管理制度向考虑到流域环境、技术、经济、体制和文化特点的更具适应性的制度的过渡，这意味着水资源管理的范式从预测和控制转变为管理即学习方法，向适应性管理的转变可以定义为"通过管理学习来学习管理"，并介绍了如何描述水管理制度和过渡过程动态的概念框架[90]。Milly 等 2008 年在 Science 发表论文指出：适应性管理是解决水问题的关键。之后，适应性管理模式也逐渐被运用于水系统的管理与利用方面[91]。Kalwij 等在评估地下水管理成本和进行管理的收益时，运用了适应性和非适应性混合策略优化方法，研究结果表明混合策略优化方法更优[92]。Pahl-Wostl 在《适应性水资源管理的要求》一书中提到，水资源适应性管理是根据环境而不断变化的管理模式，是一种循环交替的管理过程[93]。Lempert 等利用数值模型模拟了变化环境下未来不同情境的水资源规划的脆弱性，并为美国西部水资源管理机构识别出有效的适应性政策应对措施[94]。Lynam 等利用适应性管理理论首先构建了澳大利亚昆士兰麦凯惠特森德地区的水质管理目标，并为从麦凯惠特森德自然资源管理区进入大堡礁泻湖的水质设定可实现的目标，然后确定和实施实现这些目标的策略[95]。Moglia 等认为可以通过对过去措施失误及风险评估的学习为未来决策、政策和准则的制定提供支撑，强调推进适应性管理极为必要[96]。Georgakakos 等利用适应性决策模型评估在气候变化下加利福尼亚北部水资源适应性管理的价值[97]。

适应性管理具有多项优势，其中动态管理和随时调控是其明显的特点，因此它克服了传统管理模式的不足，作为清理不确定性的有利工具，我国不少学者将其引入到水资源的管理领域中，如区域水环境质量的改善和环境影响后评价、流域的水资源管理和配置、河流的生态修复和恢复、水库生态调度等方面，并分别构建相应的适应性管理框架[98]。具体地，佟金萍等在分析流域水资源管理存在的不确定性问题基础上，结合适应性管理特征，为流域水资源管理研究提供有效的管理方法[99]。夏军等采用情景分析、多目标分析等方法，分析了过去和未来各 30 年密云水库的来水状况，认为城市供水和可持续发展受到严重的影响，提出了最适用的适应性对策[100]。曹建廷认为水管理者对气候变化在水资源方面的影响较为重视，并结合国内外相关研究，利用适应性管理理论，提出了适应气候变化的水资源综合管理，并给出了加强水利工程设施建设等的具体的适应性对策[101]。刘芳认为适应性管理是保护水资源的重要途径，并构建了基于 AHP 的水资源适应性管理决策支持模型[102]。刘小峰等结合太湖水污染现状，以及污染治理面临的难以应付的动态性和复杂性，提出适应性管理，以积极有效应对由于环境趋势和管理协调对象变化所带来的系统不确定性和复杂性[103]。

综上所述，由于环境的变化及其他不确定性因素的影响，适应性管理是当前应对和适应不确定性因素的最佳管理模式[104-106]。然而，目前构建生态流量适应性管理框架的研究相对较少，国内外相关的代表性研究有：孙东亚等对适应性管理的主要内容、研究方法、研究步骤以及关键环节进行了论述，分析了当前河流生态修复的适应性管理面临的挑战，指出加强适应性管理，应该采取哪些具体的对策和措施[107]。马赟杰等针对我国环境流量管理中存在的不足，引入了适应性管理的概念，借鉴南非赛比河环境流量适应性管理实例，构建出我国环境流量适应性管理的框架[108]。Wu 等分析了生态流量的计算方法、释放类型、保障措施和监测措施的差异，重点关注了生态流量保障的有效性和存在的不足，在此基础上提出了以年平均流量 17% 作为生态流量约束红线生态流量的适应性管理模式[109]。

1.3.4 水库调度及生态流量的调控

进行生态流量的调控主要体现在水利工程（如水库、水电站等）的调度方面。对水利工程进行调度的研究始于 20 世纪，主要利用水利工程进行洪水调节；20 世纪 40 年代，Mases 第一次提出水库优化调度的概念，侧重于怎样实现水库综合利用效益最大化的问题，通过设置约束条件，求解最优解对水库进行调度。此后，不少学者针对水库的优化提出不同的决策方法，如：1951 年，Bellman 等创建了适用于多阶段决策问题的动态规划方法；1955 年，Little 应用 Markov 过程理论，构建了水库随机动态规划模型[110]。20 世纪 50 年代后，水库调度的理论和应用，在系统分析方法的发展、模型优化求解的完善下不断提升。如：1960 年，Howard 提出利用规划中的动态规划方法、Markov 过程理论进行结合，以完善之前的模型[111]；1970 年，Daniel 提出 Markov 决策规划模型的策略迭代法[112]；1972 年，Jamieson 开始了实时调度分析，建立多功能水库的实时防洪调度模型，并将实施调度模型指导实际的防洪；1975 年，Windsor 等最早提出了以削峰最大为目标的水库群系统防洪调度数学模型，并以线性规划的方法求解，且随后考虑多目标对其进行了改进[113]；1977 年，Rossman 结合 Lagrange 算子和 DP 理论，建立了机会约束的动态规划模型[114]。

20 世纪 80 年代，欧洲、美洲国家及南非、澳大利亚等的河流管理进入河流生态修复阶段，将生态多样性、完整性等因素考虑到生态调度当中，逐步开展了河道流量、鱼类栖息、河流生态流量之间的相关关系以及相互作用等方面的研究，并在进行水库的调度时，考虑如何保护流域的生态环境问题，将生态调度作为河流生态修复的主要手段的同时丰富了生态调度的内涵。如：1981 年，Turgeon 在逐次逼近法和随机动态规划的基础上，进行水库联合调度时，提出了一种渐进最优原理[115]。Bras 等以阿斯旺大坝为研究对象，分析水库调度方案，认为随机动态规划模型在考虑径流预报信息时，有更有效的调度效果[116]。Olcay 等提出了实时防洪优化调度模型的算法[117]。Jain 等以风险决策为基础，构造了汛末水库蓄水量最大为目标的水库汛期调度模型[118]。Yeh 按线性规划、非线性规划、动态规划和模拟技术等方法，对水库调度研究和应用做了全面综述，并介绍了水库调度研究在一些流域的成功应用[119]。早在 20 世纪 30 年代，针对鱼类减少的现象，美国就相继实施了鱼类生存方式的保护措施，如：在哥伦比亚河下游的 8 宗水电站都修建了鱼道，为鱼类的洄游产卵创造了条件。自 20 世纪 80 年代起，为了鱼类和鱼量不减少，即河道流量能保证鱼类的产卵需要，在进行水库调度时，要求考虑下游河道的最小流量，这些条件的设置极大地改善了下游的生态环境。如：20 世纪 80 年代初期，美国大古力水坝和哥伦比亚流域水库进行生态调度；Richter 等认识到自然水文情势对维持生态系统和生物群落结构稳定性方面具有至关重要的意义，将原有的以发电和防洪为主要目标的调度，调整为以考虑生态流量组分的调度方式[120-121]。Marie-Jose 等指出使缓流区的水体流速较小，增加了坏水体富营养化的条件，为防止水库水体的富营养化，可以改变水库的调度运行方式[122]。随后，越来越多的学者针对河流流量对生物影响研究的深入，如：Kingsford 等对比研究了澳大利亚的库珀克里克水库建成前后洪水和水生生物的差异[123]。Saltveit 等对鱼类搁浅的影响因素进行研究，均发现河流流量的变化，阻碍了物质、能量循环过程，干扰了水生生物的繁殖和发育[124]。这使得人们更加深刻地认识到水库调度需要考虑河道内需水问题，Johnson 等提出为减轻大坝带来的对河流生态的影响，应改变水库传统的调度方式，保护河流生态[125]。Shiau 等和 Yu 等都将 32 个 IHA 评价指标全部应用于水库调度模型[126-127]。Adams 等提出了"环境对冲理论"，在考虑基础设施限制时，将水库下游供水需求、生态环境需求、人口动态压力以及河流承载力等因素作为限定条件，通过对冲调度旱季和雨季的水文条件实现了不确定条件下的抗旱保蓄，确保大型鱼类的安全[128-129]。

我国于 20 世纪 60 年代开始展开水利工程优化调度的研究与应用。根据调度目标和需求的不同，进行了大量的理论和实践应用研究，与此同时水库调度的内容也在不断丰富[130-132]。1963 年，谭维炎等根据 Markov 过程和动态规划理论建立水库优化调度模型，并将研究成果实施于狮子滩水电站的优化调度中。

1972 年黄河干流出现断流现象，为确保黄河不断流，1999 年对全黄河流域的用水量进行了统一分配，实现了黄河流域针对水量因素的生态调度[133]。水库的生态调度包含多方面的内容，主要是降低传统的水库调度方式对河流生态系统带来的不利影响。王浩等提出生态调度是在水库调度中更多地考虑河流生态系统的需求，兼顾水资源开发利用中的社会、经济和生态环境利益，保护天然生态环境，实现人水和谐[134]。因此，针对传统的水利工程的运行与管理过程中，难以实现流域生态环境最优化，生态调度将更多地考虑生态因素，通过调整水库的调度和运行方式，满足流域生态环境的需水要求。如：钮新强等认为水库的调控和管理，是保护下游的生态目标的最佳方法[135]。通过 3 年的生态调水，塔里木河流域下游水量增加、尾间湖泊重现、植被重获生机、动物回归且种类和数量明显增加、水质明显改善，生态系统得到一定程度的恢复[136]。胡和平等构建水电站年发电量、满足生态流量为约束的目标—约束方程，进行水库调度时，提出了基于生态流量过程线调度模型[137]。康玲等以丹江口水库为研究对象，提出最小生态流量、适宜生态流量、洪水脉冲过程，其中洪水脉冲过程主要是针对四大家鱼产卵所需流量，通过构建生态调度模型，对河流生态需水量和人造洪水进行调度[138]。王煜等结合人工智能中的人工神经网络，分析产卵场适合度问题，并结合水库调度模型，将它们共同嵌入到水库调度中[139]。杨扬利用生态因子的分析结果，对求解出的生态需水进行调控演算[140]。毛陶金从保护鱼类资源角度，利用自然状况下的来水过程，结合鱼类资源的生态目标，设计具体的生态调度过程[141]。为缓解三峡蓄水发电对四大家鱼的不利影响，用于长江防洪的三峡水库自 2011 年起连续三年实施了生态调度试验。邓铭江等指出生态调度是生态恢复和保护最有效的措施之一，并以塔里木河下游生态输水和额尔齐斯河为研究对象进行生态调度[142]。

可见，以社会经济效益为主，兼顾供水、防洪、发电等多种目标的水库调度已有大量的研究，为水库的生态调度提供了很好的研究基础。与此同时，由于改善生态环境的需求，开展以保护或改善库区及下游河道生态环境，实现河流健康为目标的水库生态调度，是当前迫切需要实施的[143-144]。然而，河流生态环境涉及多方面的内容，如鱼类产卵等，由于未充分考虑或不了解鱼类产卵等敏感期对生态流量的要求，水库的生态调度远未形成完善的生态调度机制。

1.3.5 生态补偿

1.3.5.1 生态补偿的概念

生态补偿概念最早是一个自然科学的概念，通常被定义为"自然生态系统对由于社会、经济活动造成的生态环境破坏所起的缓冲和补偿作用等"[145-146]；或者是"生态负荷的还原能力"或"使生态系统得以维持的能力"等[147]。后来引入社会科学研究领域。国内外关于生态补偿的概念大概分为以下几种：

与国外学者所称的环境服务付费或生态服务付费（payments for ecosystem/environmental services，PES)[148] 相近，侧重于利用经济手段反映生态系统服务价值，生态补偿是一种经济手段或经济刺激机制[149]。如洪尚群等认为生态补偿是一种资源环境保护的经济手段[150]。毛显强等认为生态补偿是通过对损害或保护资源环境的行为进行收费或补偿，以减少或增加外部不经济性或外部经济性[151]。

Corbera 等将生态补偿定义为"旨在通过经济激励加强或改变自然资源管理者与生态系统管理相关行为的制度设计"[152]；李文华等认为，生态补偿是"以保护和可持续利用生态系统服务为目的，以经济手段为主，调节相关者利益关系的制度安排"[153-154]。

综上所述，国内外并没有统一的生态补偿定义，但其共同点在于保护生态环境和生物多样性的目的[155-156]。而生态补偿机制是一种利益驱动机制、激励机制和协调机制，其涉及 3 个基本问题，即补偿的主体与客体、补偿标准、补偿方式[148-157]。最为常见的定义是根据生态系统服务价值、生态保护成本、发展机会成本，运用政府和市场手段，调节生态保护利益相关者之间利益关系的公共制度[158]。孔凡斌[159] 认为我国的生态补偿机制研究按照研究领域和对象的不同，大体可以分为生态要素、区域、生态功能区及流域等 4 个类别。

根据不同学者对于生态补偿范围的界定，本书所指的生态补偿是指为保护生态环境，采用经济手段对因水电开发而受到损害的生态环境进行的补偿、治理、恢复、保护等一系列活动的总称。

1.3.5.2　国内外水电开发生态补偿研究

国内外高度重视水电开发所带来的生态、社会、经济等问题，除了关注水电开发对河流生态环境的影响及效应外，研究的重点也转变为如何通过合理的生态补偿机制，对受影响的生态环境进行补偿、恢复、综合治理、保护等。生态补偿作为一种重要的保护生态环境的方式，在世界范围内得到广泛的应用。国外对生态补偿的理论基础、补偿标准、补偿方式等内容开展了细致的研究。其中关于生态补偿的标准，Pham 等指出最有效率的生态补偿是基于提供服务的实际机会成本来确定[160]；Engel 等认为补偿标准应该大于机会成本，小于服务使用者从服务中获取的收益[161]。评估机会成本和环境服务价值是确定生态补偿标准的关键。

生态补偿作为生态环境研究的重要问题，在我国始于 20 世纪 80 年代中期。理论研究范围包括森林、湿地、矿产、草原、海洋和流域，涵盖自然保护区、野生动物保护、重点生态功能区等多个方面。总体来说，对森林资源生态补偿的理论研究进行得最早，理论成果相对较多，主要包括森林生态效益的计算、补偿依据、补偿标准、补偿范围、补偿办法以及基金管理方法等。

　　我国学者对多个领域的生态补偿机制问题也进行了一些探讨。欧阳志云等认为水生态系统除为社会提供直接产品价值外，还具有巨大的间接使用价值[162]；谢高地等构建了中国陆地生态系统的单位面积价值当量因子表，得出新的生态系统服务评估单价体系[163]；潘华等评价了云南省森林生态系统的服务功能经济价值，结果显示森林的固碳释氧功能价值最大，森林生态系统的间接经济价值远大于直接经济价值[164]；刘青估算了东江源区域生态系统服务功能经济总价值，并构建了东江源区生态补偿机制方案和实施对策[165]；孔凡斌以江西东江源国家级水源涵养功能区为例，研究了江河源头区域生态补偿的机理，并建立起流域生态补偿实施机制[159]。高振斌等采用生态系统服务价值当量因子法，评估了东江流域的生态系统服务价值，确定了其生态补偿标准[166]；近年来，我国利用遥感和地理信息系统技术，从土地利用/覆被变化角度开展了较多生态系统服务价值空间和时间变化的研究[167-168]。

　　关于水电开发的生态补偿机制方面的研究主要集中在生态补偿标准的估算、补偿机制的构建等方面。董哲仁侧重从生态学角度来研究分析水电开发的影响，研究探索了水电开发的生态补偿机制及河流的生态修复技术，认为生态补偿标准应以河流生态系统服务功能的损失总价值作为依据[151]；叶舟认为水能开发中需要完善资源、经济、生态三大补偿制度来规范水电市场[169]；曾绍伦等从代内和代际两个角度研究了水能资源开发利用的环境公平问题，构建了水能资源开发利用的生态补偿机制模型，利用生态系统服务价值法建立了水能资源开发利用的生态补偿机制[170]；陈明曦等根据流域内水电开发功能区划，将流域划分为不同的河段，确定不同的生态补偿标准和补偿方式[171]。

　　总体而言，从研究内容来看，国内外在生态补偿的概念、理论基础、补偿标准、补偿模式等方面做了很多有益的探索，这些研究主要集中在森林、矿山、草原、流域等自然资源领域。目前我国水电开发生态补偿研究主要是理论探讨，较为成熟的实践案例不多，一些关于生态补偿标准的研究得出的结果差异较大，实际操作性差，还需要结合补偿主客体双方的经济承受能力、支付意愿等因素来综合确定。对生态补偿的主客体意愿评估、补偿成本效益评估、补偿的具体途径、补偿效果评价等方面还需要进一步深入的研究。

第2章　小水电开发对河流生态效应的影响

2.1　研究方法

2.1.1　流量反演方法

2.1.1.1　常规的流量反演方法

针对第1章的研究背景，为了分析流量、流态等序列的改变对河流生态环境的影响，首先要确定除去大坝影响部分的流量过程，即对实测流量进行还原分析。还原分析是将水文序列中受到人类社会经济活动影响的那部分水量进行扣除或加和，将实测的水文序列还原成不受人类干扰时的天然状态下的序列。目前国内外常用的流量还原方法有分项调查还原、蒸发插值还原以及降雨径流模型还原等。其中，分项调查还原是水平衡原理的具体体现，是指将经济社会生活中的生产、生活、生态以及其他用水重新添加进实测流量序列，通过各分项的汇总来进行还原计算，还原结果受到获取的各分项准确用水量影响；蒸发插值法中的还原水量是将下垫面变化之前的蒸发量减去变化之后的蒸发量，此方法在计算精度要求不高的区域应用较广泛。

当前，不少学者结合降雨径流模型对径流进行还原计算，如：Ozelkan 等建立模糊降雨径流模型[172]。Yeshewatesfa 等为了模拟土地利用变化对径流的影响，在莱茵河流域的 95 个集水区应用了概念性降雨径流模型，提出了一种通过将模型参数与流域物理特性相结合来标定模型的方法，模拟不同土地利用情景下产生的径流[173]。人类活动对河川径流的影响不仅表现在取、用、耗、排水等方面，还表现为下垫面的变化，如城市化减少径流入渗等。因此，如何考虑下垫面的变化对径流的影响进行径流量的还原计算，是上述方法难以解决的。早在 20 世纪 70 年代，Onsted 等首次运用流域水文模型分析土地利用变化对径流的影响[174]。乔云峰等针对降雨径流的非线性关系，引入投影寻踪模型，在产汇流理论的基础上，通过对降雨径流之间的多元非线性关系进行分析，据此对径流进行还原计算[175]。随着水文模型的发展，将其应用于径流的还原计算的研究近年逐渐兴起，如：陈佳蕾等以大汶河流域为例，利用 SWAT 分布式水文模型，采用 SUFI－2 方法进行模型参数率定，在现有下垫面条件下，进行径流还原计算[176]。目前，采用分布式水文模型进行径流还原计算的应用依旧不多。降雨径流模型是目前径流还原计算中精度最高也是应用最广泛的一种方法，不仅克服了前两种方法不考虑产汇流原理的缺陷，而且依据径流形成的原理和过程来还原天然流量。因此，选用 SWAT 的分布式降雨径流模型来还原河道的天然流量，对比分析小水电开发前的天然流量和开发之后的实测流量，据此论证小水电开发对河川径流产生的影响。

2.1.1.2 SWAT 模型原理

SWAT 模型主要由 8 个组件构成：水文、气象、泥沙、土壤温度、作物生长、营养物、农药/杀虫剂和农业管理。汇流演算模块决定水、沙等物质从河网向流域出口处的输移运动，它又包括河道汇流演算以及蓄水体和汇流计算[177]。

SWAT 模型研究的问题中，水量平衡为所有过程的驱动力。水量平衡的表达式为

$$SW_t = SW_0 + \sum_{i=1}^{t} (R_{day} - Q_{surf} - E_a - W_{seep} - Q_{gw}) \tag{2.1}$$

式中：SW_t 为土壤最终含水量，mm；SW_0 为土壤前期含水量，mm；t 为时间步长，天；R_{day} 为第 i 天降水量，mm；Q_{surf} 为第 i 天的地表径流，mm；E_a 为第 i 天的蒸发量，mm；W_{seep} 为第 i 天土壤剖面底层的渗透量和侧流量，mm；Q_{gw} 第 i 天地下水出流量，mm。

模型陆面水文循环过程如图 2.1 所示。

采用模块化的设计方式是 SWAT 模型的优势，图 2.2 展示了水循环的每个环节在 SWAT 模型中所对应的子模块包括：入渗模型（用以计算地表径流）、土壤侵蚀模块、蒸散发模块、壤中流模块、河道汇流演算模块。

2.1.2　河流生态水文效应分析方法

2.1.2.1　LOR 法

LOR 法是 Timpe 和 Kalplan 在 2017 年计算亚马孙河流域闸坝建设对当地水

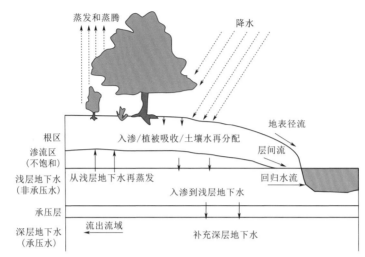

图 2.1　模型陆面水文循环过程

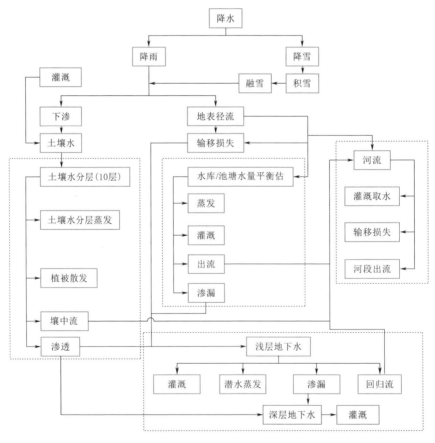

图 2.2　SWAT 模型水文模块构成

文情势变化的影响时提出的，主要计算方法是首先计算多年日均流量的水文特征值，然后对每组指标采用随机抽样的方式，计算其在多年均值上下波动15％的置信区间为95％、90％和80％所需的年份，以此来分析流量序列的周期性。LOR法在建立流量变化与周期性关系的同时，将置信区间的概念引入流量周期的表征中，可计算出不同周期下的保证率，方便了解各指标的架构。

LOR法的编制步骤如下：

（1）选取多年平均流量作为流量序列的特征值，计算研究站点长序列 n 年的逐年年均流量及多年平均流量。

（2）从2年到 n 年，抽取任意长度的年流量序列，计算抽取序列的平均值，并与上一步计算出的多年平均流量进行比较，重复此过程10000次。

（3）计算步骤（2）中抽取的序列在多年平均流量上下波动15％的置信区间为95％、90％和80％所需要的时间长度。

（4）计算仁化站年均流量的数据记录长度均值。

2.1.2.2 BFI 与 HVI 法

目前国内常用变差系数 C_v 与偏态系数 C_s 来表征流量年际与年内分布的重要指标。其中，变差系数 C_v 是序列的标准差与其均值的百分比，表征的是序列的离散程度，C_v 越大反映流量变化幅度越大，频率分布越离散，C_v 越小反映流量变化幅度越小。频率分布离散程度越小。偏态系数 C_s 是序列平均值与中位数之差对标准差的比值，表征的是序列频率曲线的对称情况，$C_s = 0$ 时，表明序列为完全的对称分布；$C_s > 0$ 时，表明序列为正偏态；$C_s < 0$ 时，表明序列为负偏态。

本书除用 C_v 与 C_s 表征流量年际与年内的分布特征之外，又挑选了基流指数（the base flow index，BFI）和水文变动指数（hydrological variability index，HVI）两个指标补充反映不同区域流量的年际年内分布特征。BFI 与 HVI 的计算公式为

$$BFI = \frac{Q_{90}}{\overline{Q}} \tag{2.2}$$

$$HVI = \frac{Q_{25} - Q_{75}}{Q_{50}} \tag{2.3}$$

式中：$\overline{Q}$ 为多年平均流量；Q_{90}、Q_{25}、Q_{50}、Q_{75} 分别为年平均流量为90％、25％、50％、75％频率的流量。

BFI 可准确表征序列内低流量的变动特征，反映的是河流的径流比例；BFI越高，表明流域内的基层、土壤沉积物及整个土壤层的渗透性越好，说明枯水期河流的流量持续性越好。

HVI 与 C_v 都是反映序列离散程度的指标，但是 HVI 更能反映序列整体的变化特征，HVI 的计算提出了高脉冲流量和低脉冲流量干扰之后的变动特征，HVI 越高，说明流量的变化幅度越大。

2.1.2.3　IHA 法

Poff 等提出，天然河流的流量、水文事件的动态特性可由以下 5 个要素表达：流量大小、出现频率、持续时间、出现时机和变化率，即河的水文情势。河流水文情势主要通过以下 3 个途径对河流的生态系统产生影响：

（1）形成自然扰动机制。

（2）作为河流物质能量流动的动力。

（3）改变水生生物栖息地的环境因子。

因此，可以通过研究河流水文情势的变化情况来分析河流生态系统的状况，通过研究水文指标与河流生态系统之间的相互关系，从生态水文角度研究河流生态水文系统的健康问题。一般地，与水文情势强相关的水文指标有33 项，它们可反映流量在大小、出现频率、持续时间、出现时机和变化率共5 方面的特征，同时基于大量的生态学调查数据，定性地给出了水文情势所表征的生态学意义，为通过分析河流水文情势变化来了解河流水生态系统提供了方法。

2.1.2.4　RVA 法

基于 IHA 指标体系，Richter 等于 1997 年提出了水文变化范围法（range of variability approach，RVA），通过对比水利工程建设前后各水文指标的变化情况，计算天然状态和人工影响条件下的流量特征统计值，从而分析水电站等水利工程给河流水文情势所带来的影响。为量化水利工程对 IHA 法中各指标影响的改变程度，Richter 等建议以水文改变度 D_i 来进行评估，并建议以各指标75％和25％频率所对应的值作为各指标的目标上下限，称为 RVA 目标。水利工程建设之后受到人为干扰序列的 IHA 如果落在 RVA 目标内的频率与水利工程建设前的频率保持一致，表明水利工程的建设对河流的影响不大，仍然保持河流自然的流量变化范围；若受干扰之后的 IHA 落在 RVA 目标内的频率远大于或远小于水利工程建设前的频率，则表明河流的水文情势发生了较大改变，河流已经较严重受到水利工程开发的影响，此影响将进一步对河流的生态系统产生较严重的负面影响。水文改变度 D_i 的计算公式为

$$D_i = \left| \frac{f_{oi} - f_e}{f_e} \right| \tag{2.4}$$

式中：D_i 为 IHA 体系中的第 i 个指标的水文改变度；f_{oi} 为第 i 个 IHA 指标在小水电开发之后仍落于 RVA 目标之内的年数；f_e 为小水电开发之后 IHA 指标

预期落在 RVA 目标内的年数，其数值等于小水电开发前的 IHA 落在 RVA 目标内的比例 r 和小水电开发之后流量序列的总年数，若以 75% 和 25% 作为 RVA 目标，则 $r = 50\%$。

Richter 等进一步建议，若 D_i 的值位于 0~33% 范围，则属于低度或无改变 (little or no alteration)；位于 33%~67% 范围，属于中等程度改变 (moderate alteration)；位于 67%~100% 范围，属于高度改变 (high alteration)。由此很容易判断 33 个 IHA 指标分别受到小水电开发与运行何等程度的影响。

2.1.2.5 整体水文改变度

RVA 推求出的 33 个 IHA 指标可能会有不同的水文改变度，即小水电的开发建设对不同 IHA 指标的影响程度是不同的，因此为了更方便地反映河流水文情势整体上的改变，需要对 33 个指标的水文改变度进行整合。目前，通常采用权重平均的方式来量化水文特性的改变。当 33 个 IHA 指标均属于低度或无改变，则整体水文改变度属低度改变，整体水文改变度取 33 个 IHA 的 D_i 值的平均值，D_o 计算公式为

$$D_o = \frac{1}{33} \sum_{i}^{33} D_i \tag{2.5}$$

当 33 个 IHA 中至少有一个属于中等程度改变且没有属于高度改变时，则整体水文改变度属中度改变，D_o 的计算公式为

$$D_o = 33\% + \frac{1}{33} \sum_{i}^{N_m} (D_i - 33\%) \tag{2.6}$$

式中：N_m 为属于中等程度改变的 IHA 的个数。

当 33 个 IHA 指标中至少有一个属于高度改变时，则整体水文改变度属高度改变，D_o 的计算公式为

$$D_o = 67\% + \frac{1}{33} \sum_{i}^{N_m} (D_i - 67\%) \tag{2.7}$$

式中：N_m 为属于高度改变的 IHA 的个数。

整体水文改变度的方法虽然可以避免 IHA 中属于中度或高度改变的指标因为取均值而消失，但会在个别指标处于临界状态时出现极大值权重过大的情况，如 33 个指标中仅有 1 个指标属于高度改变，其余指标均属于中度和低度改变时，此计算方法赋予这 1 个高度改变指标的权重过大，可能会得出与实际情况不相符的结论。本书采用几何平均法来计算 33 个 IHA 指标的整体水文改变度，即

$$D_o = \sqrt{\max(D_i) \frac{1}{33} \sum_{i=1}^{33} D_i} \tag{2.8}$$

式中：D_i 为 IHA 体系中的第 i 个指标的水文改变度。

可见，采用基于几何平均原理的整体水文改变度的方法来评价小水电工程对河流水文情势的影响，不仅可以避免 IHA 中属于中度或高度改变的指标因为取均值而消失，且仍可按照 33％和 67％的阈值将受影响的程度划分为 3 个等级，与 RVA 法的原理保持一致。

2.1.2.6　河流水生态状况生物学评价

小水电的梯级开发主要改变水量、流速、连通性等因子，通过累积效应对河流的原生生态系统产生不可逆的扰动，形成新的水生生态系统。在淡水生态系统检测与河流健康评价领域，常用生物完整性指数（index of biotic integrity，IBI），通过生物多样性、种类均匀度等多个参数综合评价水生生态系统中的生物学状态，IBI 可定量反映人类活动与河流水生生物之间的关系。IBI 最初的研究对象为鱼类，目前对浮游植物、浮游动物、底栖生物等均可进行分析。目前常用的生物指数（biotic integrity，BI）主要为：污染耐受指数 PTI、Simpson 指数 D、Margalef 种类丰富度指数 d、Shannon - weaver 多样性指数 H、Pielous 种类均匀度指数 J，计算公式见表 2.1。

表 2.1　　　　　　　常用的生物学评价指数及计算公式

指 数 名 称	计 算 公 式	参 数 说 明
Shannon - weaver 多样性指数 H	$H = -\sum_{i=1}^{s}\left[\left(\dfrac{n_i}{N}\right)\ln\left(\dfrac{n_i}{N}\right)\right]$	n_i—第 i 类个体数量；N—样本个体总数量；s—样本种类数
Simpson 指数 D	$D = 1 - \sum_{i=1}^{s}\dfrac{n_i(n_i-1)}{N(N-1)}$	n_i—第 i 类个体数量；N—样本个体总数量；s—样本种类数
Margalef 种类丰富度指数 d	$d = \dfrac{s-1}{\ln N}$	N—样本个体总数量；s—样本种类数。d 值的高低表示种类多样性的丰富与匮乏
Pielous 种类均匀度指数 J	$J = \dfrac{H}{\log_2 s}$	H—多样性指数；s—样本种类数
污染耐受指数 PTI	$\text{PTI} = \dfrac{\sum_{i=1}^{s}(n_i t_i)}{N}$	t_i—第 i 类生物的污染耐受值；n_i—第 i 类个数数量；N—样本个体总数量；s—样本种类数

2.2　锦江流域流量过程反演

2.2.1　模型构建

锦江干流仁化水文站以上的小水电均于 1993—2008 年建成投产，因此

1969—1993 年的实测序列即为未受小水电建设干扰的天然序列，1993 年之后的实测流量是受到锦江上小水电开发及运行扰动后的序列。因此，本书采用分布式水文模型还原出 1994—2018 年的天然序列，然后将还原出的天然序列与同期的实测序列进行对比。

2.2.1.1 基础地形

本次研究采用的数字高程模型（digital elevation models，DEM）为分辨率为 30m 的 ASTER GDEM 数据，数据来源于中国科学院计算机网络信息中心地理空间数据云平台（http：//www.gscloud.cn）。锦江流域数字地形图如图 2.3所示。

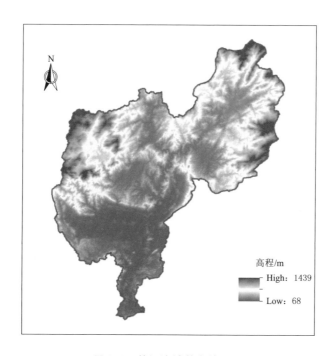

图 2.3　锦江流域数字地形图

基于锦江流域的 DEM 数据，对流域的边界和水系进行提取，并将集水面阈值设置为 4000hm^2，定义流域总出口以及水文站点后，计算子流域参数，最终将流域划分成 20 个子流域，如图 2.4 所示。其中，水文站点仁化（三）所在子流域序号为 15。

2.2.1.2 土地利用类型

土地利用类型对流域的植物截留、蒸散发、下渗、产流产沙等水文过程都具有十分重要的作用。本书使用的土地利用类型图为 LUCC1980 和 LUCC2010，

图 2.4 锦江流域子流域划分图

数据的分辨率为 1km。表 2.2 中列出了土地利用类型的 SWAT 代码，据此可以实现土地利用类型数据的转换。

表 2.2 土地利用分类系统

一 级 类 型		二 级 类 型		SWAT 代码
编号	名称	编号	名称	
1	耕地	11	水田	AGRL
		12	旱地	
2	林地	21	有林地	FRST
		22	灌木林	
		23	疏林地	
		24	其他林地	
3	草地	31	高覆盖度草地	RNGE
		32	中覆盖度草地	
		33	低覆盖度草地	
4	水体	41	河渠	WATR
		42	湖泊	
		43	水库坑塘	
		44	永久性冰川雪地	

一 级 类 型		二 级 类 型		SWAT代码
编号	名称	编号	名称	
4	水体	45	滩涂	WATR
		46	滩地	
5	建设用地	51	城镇用地	URLD
		52	农村居民点	
		53	其他建设用地	
6	未利用土地	61	沙地	SWRN
		62	戈壁	
		63	盐碱地	
		64	沼泽地	
		65	裸土地	
		66	裸岩石砾地	
		67	其他	

结合表2.2的土地利用类型数据转换代码，得到1980年和2010年锦江流域土地利用类型图，如图2.5和图2.6所示。进一步提取两年的各土地利用类型面积占比情况，见表2.3。

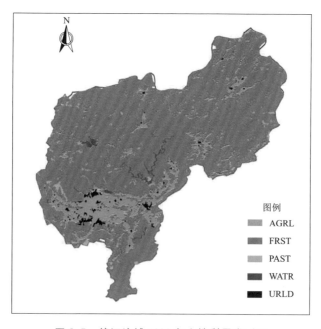

图 2.5　锦江流域1980年土地利用类型图

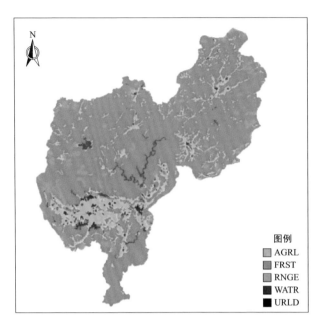

图 2.6　锦江流域 2010 年土地利用类型图

表 2.3　　　　　　　　　1980 年和 2010 年土地利用类型面积占比

序号	土地利用类型	1980 年	2010 年
		面积占比/%	面积占比/%
1	AGRL	14.77	14.73
2	FRST	80.51	80.72
3	RNGE	2.31	2.07
4	WATR	1.15	1.19
5	URLD	1.26	1.29

表 2.3 表明，1980 年和 2010 年土地利用类型分布及各类型面积占比基本一致，表明锦江流域受人类活动的影响较小。锦江流域属于北江源头之一，其流域范围内城镇化水平较低，因此 2010 年土地利用类型较 1980 年无明显变化。

2.2.1.3　土壤类型

（1）土壤水分参数计算。利用 SPAW 输入土壤黏粒（Clay）、砂（Sand）和砾石（Grave）的比例，有机质含量和电导率（SOL_EC），得到所需要的水文参数 SOL_AWC（土壤可利用水量）、SOL_K（饱和水力传导系数）、SOL_BD（土壤湿容重），如图 2.7 所示。

（2）土壤水文学分组。土壤水文学分组的组别见表 2.4，分组情况代表土壤产流能力的属性，包括季节性水文深度、饱和水利传导率和下渗深度。表中所

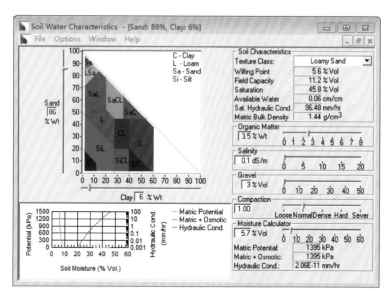

图 2.7　SPAW 软件操作界面

规定的下渗率是指土壤在完全湿润并且不冻条件下的最小下渗率属性。

根据研究，土壤平均颗粒直径与土壤渗透系数的关系式表达如下

$$X = (20Y)^{1.8}$$

(2.9)

式中：X 为土壤渗透系数，mm/h；Y 为平均颗粒直径，mm。

表 2.4　　　　　　　　　　　SCS 模型土壤水文学分组

土壤水文学分组	土　壤　水　文　特　征	下渗率/(mm/h)
A	当水分完全饱和时仍有较高的下渗率，主要由砂和砾石组成，有良好的排水、导水能力，产流潜力低	7.6～11.4
B	当水分完全饱和时有中等下渗率，主要是砂壤土或在一定深度存在弱不透水层，排水、导水能力中等	3.8～7.6
C	当水分完全饱和时有较慢的下渗率，主要为壤土或在一定深度存在不透水层，下渗率和导水能力较低，产流潜力高	1.3～3.8
D	当水分完全饱和时有很慢的下渗率，主要为黏土且接近表层或在一定深度存在永久性不透水层，下渗率和导水能力很低	0～1.3

根据土壤平均粒径分层计算土壤下渗率，若最小下渗率出现在土层上层深度小于 500mm 时，则参考表 2.4 的特征正常分组；若最小下渗率出现在土层上层深度 500～1000mm 时，则将土壤水文单元上调一类，即 B 调至 A；若最小下渗率出现在土层上层深度 1000mm 之下，则基于 1000mm 之上的土壤下渗率来

划分水文分组[178]。

（3）土壤可侵蚀因子。土壤可侵蚀因子的计算公式如下

$$K_{USLE} = f_{csand} \times f_{cl-si} \times f_{orgc} \times f_{hisand} \tag{2.10}$$

式中：K_{USLE} 为可侵蚀因子；f_{csand} 为粗糙砂土质地土壤侵蚀因子；f_{cl-si} 为黏壤土土壤侵蚀因子；f_{orgc} 为土壤有机质因子；f_{hisand} 为高砂质土壤侵蚀因子。

各因子的计算公式为

$$\begin{cases} f_{csand} = 0.2 + 0.3 \times e^{\left[-0.0256 \times sd\left(1 - \frac{si}{100}\right)\right]} \\ f_{cl-si} = \left(\frac{si}{si+cl}\right)^{0.3} \\ f_{orgc} = 1 - \frac{0.25c}{c + e^{(2.72-2.95c)}} \\ f_{hisand} = 1 - \frac{0.25c}{\left(1 - \frac{sd}{100}\right) + e^{\left[-5.51+22.9\times\left(1-\frac{sd}{100}\right)\right]}} \end{cases} \tag{2.11}$$

式中：sd 为沙粒含量百分数；si 为粉粒含量百分数；cl 为黏粒含量百分数；c 为有机碳含量百分数。

对土壤数据进行转换后，各土壤类型面积的占比情况见表 2.5，锦江流域土壤类型分布图如图 2.8 所示。

表 2.5　　　　　　　　　锦江流域各土壤类型面积占比情况

序　号	土　壤　类　型	面积占比/%
1	Cumulic Anthrosols（人为堆积土）	15.38
2	Eutric Gleysols（饱和潜育土）	0.58
3	Haplic Acrisols（简育低活性强酸土）	62.30
4	Humic Acrisols（腐殖质低活性强酸土）	14.86
5	Haplic Alisols（简育高活性强酸土）	6.89

图 2.8 和表 2.5 表明，Haplic Acrisols 类型在锦江流域土壤类型中占比最大，为 62.30%；其次为 Cumulic Anthrosols 类型，占 15.38%；Eutric Gleysols 类型占比最小，仅 0.58%。

2.2.1.4　气象测站

本书选用仁化、扶溪和厚坑 3 个气象站的气象数据，3 个站点的分布情况如图 2.9 所示。

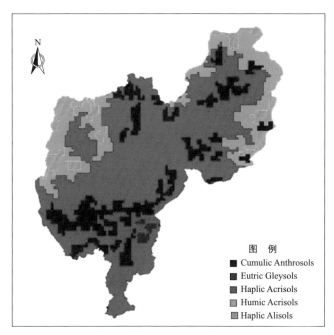

图2.8 锦江流域土壤类型分布图

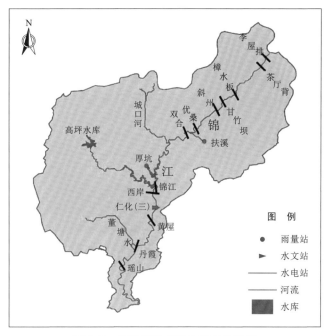

图2.9 锦江流域水系及站点位置图

2.2.2 流量反演结果

模型构建完成后，设置模型模拟的时间跨度为 1959—2018 年，其中 1959—1966 年为预热期，1967—1970 年为率定期，1971—1993 年为验证期，率定期与验证期采用 1980 年的土地利用类型数据。之后采用模型经过率定与验证之后的参数，根据 1994—2018 年的降雨与 2010 年的土地利用类型等基础数据，模拟预测在锦江干流上不进行小水电开发的工况下，仁化站 1994—2018 年的流量过程。

2.2.2.1 率定流程

参数敏感性分析的目的在于找到水文过程影响较大的变量，以便实现有的放矢的调适，减少调参的盲目性，提高调参的针对性和效率。选用 SWAT-CUP 2012 的 SUFI-2 方法进行锦江流域的参数敏感性分析和率定。参照前人在参数选取和率定方面的研究成果，基于模型的空间校准原则，即按照从上游到下游的顺序，对上游率定好的参数不再更改的原理，对锦江流域进行参数率定，选出敏感程度最高的 11 个参数运用 SUTI-2 算法经过 300 次迭代，将迭代得到的最优参数值返回到参数设置中，得到率定结果。表 2.6 为迭代得到的最优参数值及参数敏感性，不敏感值（p-Value）越小、敏感值（t-Stat）的绝对值越大，表明参数的敏感性越高。

表 2.6　　　　　　　　最优参数值及参数敏感性

序号	参数名称	最优值	敏感值（t-Stat）	不敏感值（p-Value）
1	A_ESCO	−0.303333	−4.8929709	0.0000017
2	R_CN2	−0.148417	−3.5970857	0.0003786
3	A_CH_N2	−0.075	2.3350436	0.0202281
4	A_SOL_AWC	0.863333	2.2815646	0.0232448
5	V_REVAPMN	362.5	1.8473142	0.0657271
6	V_ALPHA_BF	0.268333	−1.4863594	0.1382780
7	A_RCHRG_DP	0.93	−1.4698959	0.1426815
8	A_GW_REVAP	−0.106	−0.9836580	0.3261093
9	V_GW_DELAY	75.833328	−0.8321941	0.4059889
10	R_CH_K2	12.307016	−0.7655619	0.4445640
11	R_GWQMN	71.554482	0.0705835	0.9437782

通过 T 检验方法判断各参数的敏感性，敏感程度最高的几个参数分别是：土壤蒸发补偿系数 ESCO、径流曲线数 CN2、主河道曼宁系数 CH_N2、土层的有效含水量 SOL_AWC。说明 ESCO、CN2、CH_N2、SOL_AWC 对模型

的不确定性影响较大，而地下水再蒸发系数 GWQMN、主河道冲积物的有效渗透系数 CH_K2、地下水延迟时间 GW_DELAY 对模型的影响较小。

由于 SWAT-CUP 2012 得到的参数值返回到 SWAT 模型之中得到的结果会存在一定的偏差，所以还必须将参数值代入 SWAT 模型之中，使 SWAT 模拟的结果满足精度要求。

2.2.2.2 评价指标

通常用决定系数 R^2 和纳什系数 E_{ns} 对 SWAT 模型率定参数的实用性进行评价。SWAT-CUP 2012 的计算结果包含了决定系数和纳什系数，但是返代入 SWAT 中的模拟结果需要手动进行计算。

（1）决定系数 R^2。

$$R^2 = \frac{\sum\limits_{i=1}^{n}(Q_{m,i}-\overline{Q}_m)(Q_{s,i}-\overline{Q}_s)}{\sum\limits_{i=1}^{n}(Q_{m,i}-\overline{Q}_m)^2 \sum\limits_{i=1}^{n}(\overline{Q}_{s,i}-\overline{Q}_s)^2} \tag{2.12}$$

式中：Q_s 为观测值；Q_m 为模拟值；$\overline{Q}_s$ 为观测值的平均值；$\overline{Q}_m$ 为模拟值的平均值；n 为观测次数。

决定系数 R^2 的范围为 0~1，$R^2=1$，表明模拟值与实测值吻合度非常高，R^2 越接近 1，表明相关性越好；R^2 越接近 0，表明相关性越弱或无相关性。

（2）纳什系数 E_{ns}。

$$E_{ns} = 1 - \frac{\sum\limits_{i=1}^{n}(Q_{s,i}-Q_{m,i})^2}{\sum\limits_{i=1}^{n}(Q_{s,i}-\overline{Q}_s)^2} \tag{2.13}$$

式中：Q_s 为观测值；Q_m 为模拟值；$\overline{Q}_s$ 为观测值的平均值；n 为观测次数。

E_{ns} 越接近 1，表明模拟的结果越精确，作为一个综合评价指标，它可以定量分析出模型模拟过程中径流数据拟合的好坏程度。

据 SWAT 模型的使用要求，当 $E_{ns}>0.5$ 且 $R^2>0.6$ 时，表示模型模拟效果一般，模型可供使用；当 $E_{ns}>0.7$ 且 $R^2>0.8$ 时，表示模型模拟效果好[179]。

2.2.2.3 率定及验证结果

表 2.7 为仁化站率定期与验证期流量模拟的评价标准，图 2.10 为仁化站率定期和验证期模拟值与实测值的对比图。由表 2.7 及图 2.10 可知，SWAT 模型在率定期与验证期均取得很好的模拟效果，说明 SWAT 模型在锦江流域的模拟结果可很好地还原天然流量，为锦江流域的计算水文变动分析奠定很好的基础。

根据此模型对 1993 年以后未修建水电站工程的工况开展模拟，模拟结果如图 2.11 所示。

表 2.7　　　　　　　　　　　　SWAT 模型锦江流域径流率定及验证结果

站点	率　定　期			最　优　值		
	R^2	E_{ns}	等级	R^2	E_{ns}	等级
仁化站	0.9239	0.94	非常好	0.9157	0.92	非常好

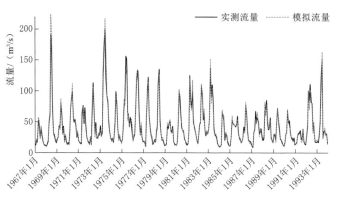

图 2.10　仁化站率定期和验证期的模拟值与实测值对比图

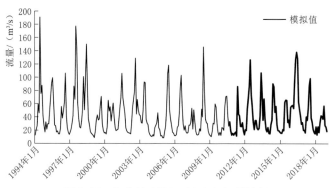

图 2.11　仁化站 1994—2018 年还原流量

2.3　小水电开发下河流水生态效应分析

　　仁化水文站 1994—2018 年的逐日实测流量作为小水电开发后的流量序列，利用模拟出的 1994—2018 年的逐日还原流量作为小水电开发前的流量序列，将前述两序列进行对比分析，可剔除由气候变化所带来的影响，反映完全由于电站的建设与运行带来的影响。本节拟从周期性、年际年内变化、生态水文特征等方面，分析由于小水电的开发对锦江的生态环境所造成的影响。

2.3.1 周期性变化

利用 LOR 法，采用仁化站 1994—2018 年的实测流量作为锦江干流小水电站梯级开发后的序列，结合模拟出来的 1994—2018 年模拟流量作为还原流量序列，同时选择 1969—1993 年小水电站开发之前的实测流量序列作为对比，分析各序列在流量均值上下波动 15％下，置信区间在 95％、90％和 80％下所需的周期长度，计算结果如图 2.12～图 2.14 所示。

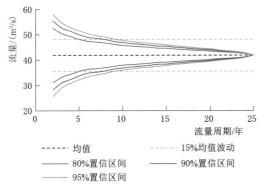

图 2.12 仁化站 1994—2018 年实测流量序列周期图

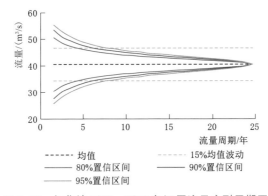

图 2.13 仁化站 1994—2018 年还原流量序列周期图

从图 2.12～图 2.14 可以看出，流量的周期长度与置信区间的置信度呈正相关关系，在波动值固定的情况下，置信区间越高，所需要的流量周期越长。对比建闸之后实测序列与还原序列，除了 80％的置信区间外，在相同置信区间内小水电开发后的周期长度大于开发前，产生这一状况的主要原因是小水电的梯级开发及调度破坏了河床径流的天然特征属性，使流量的无序化程度增强，这种变化趋势会对河流原本的水生生物群落造成胁迫，而且会增加物种入侵的潜在风险。进一步对比建闸前的还原流量与建闸后的实测流量，见表 2.8。

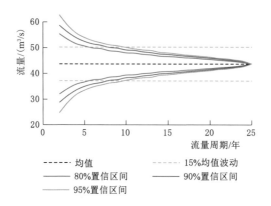

图 2.14　仁化站 1969—1993 年实测流量序列周期图

表 2.8　　　　　　　仁化站小水电站开发前后水文周期对比表

置 信 区 间								
1994—2018 年实测流量			1994—2018 年还原流量			1969—1993 年实测流量		
80%	90%	95%	80%	90%	95%	80%	90%	95%
10 年	8 年	5 年	8 年	7 年	5 年	10 年	9 年	5 年

表 2.8 说明，小水电开发前实测流量序列的周期长度与开发后实测流量序列的长度相比，在 80% 与 95% 置信区间时，周期长度一致，在 90% 置信区间时，开发前的周期反而大于开发后的周期，得出与由小水电开发实际造成的影响相反的结论。

2.3.2　年际、年内变化

采用变差系数 C_v、偏态系数 C_s、基流指数 BFI、水文变动指数 HVI，分析仁化水文站小水电开发前后的年际、年内变动情况，如图 2.15 和图 2.16 所示。

由图 2.15 可知，除偏态系数 C_s 显著增加以外，其余年际指标均变化不大，表明锦江干流上小水电的开发加重了流量序列正偏态的趋势，对年际其他指标的影响不大。这是由于锦江上的小水电站的调节能力有限，加上无年调节以上的水库，因此对流量的年际指标影响不大。由图 2.16 可知，小水电开发之后的各项年内指标均小于开发之前的指标，其中 C_v 值的降低，表明小水电的梯级开发后，流量的年内离散程度呈下降趋势；小水电的梯级开发后 C_s 值有所降低但仍大于 0，表明小水电的开发没有改变流量正偏态的趋势，但正偏态的趋势有所降低；C_v 与 C_s 的降低都是由于小水电管理单位削峰补谷、人为降低洪峰流量的调度方式造成的。BFI 的降低表明小水电在调度中降低了洪峰流量的同时，也在一定程度阻断了河流的连通性，导致低流量的时间增多；HVI 的降低，表明剔除了高脉冲流量与低脉冲流量，水电开发后的流量变动低于水电开发前，小水电的开发使河流整体离散程度降低。

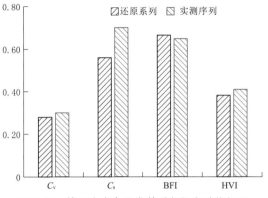

图 2.15 锦江小水电开发前后年际变动指标图

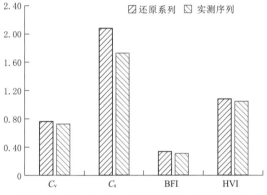

图 2.16 锦江小水电开发前后年内变动指标图

因此，分析锦江干流小水电开发前后的年际与年内变化发现：①河流上无年调节能力以上的水库，因此小水电的开发对河道年际流量影响不大；②河流上闸坝工程降低了流量的年内离散程度，剔除高脉冲流量与低脉冲流量的影响后，依旧呈现出降低的趋势；③小水电的运行减小了河流正偏态的趋势；④小水电的梯级开发加重了年内断流的压力。

2.3.3 生态水文特征变化

（1）33 项指标的比较。依据小水电站建设完成的年份（1993 年），将流量过程分为自然条件下及受小水电开发影响的两个时段，利用仁化站的日流量资料，通过 IHA/RVA 方法得到小水电开发前后两个时期相应的水文改变度指标，见表 2.9。表 2.9 表明，有接近 30% 的指标数量发生了程度较高的改变。

表 2.9　　　　　　　　　　仁化站水文改变度指标统计分析

IHA 指标	建站影响前				建站影响后				RVA		水文改变度
	均值	方差	极大值	极小值	均值	方差	极大值	极小值	上限	下限	
1 月平均流量	21.7	0.6	14.8	44.8	44.1	0.6	15.2	54.8	18.6	24.9	−0.36
2 月平均流量	18.6	0.5	12.0	35.0	24.9	1.1	0.0	51.6	16.9	22.7	−0.79
3 月平均流量	14.8	0.6	10.7	30.4	22.4	1.4	0.0	54.5	13.3	17.7	−0.89
4 月平均流量	16.2	0.4	9.5	38.1	22.7	0.7	0.0	55.7	13.9	18.3	−0.79
5 月平均流量	16.7	0.5	8.6	35.5	25.1	0.4	8.7	57.7	15.4	19.1	−1.00
6 月平均流量	25.6	0.9	9.6	113.0	41.2	0.7	0.0	82.6	19.2	28.9	−0.15
7 月平均流量	43.3	0.7	13.4	110.5	40.7	0.7	0.0	102.5	33.1	56.3	0.07
8 月平均流量	70.7	0.6	29.7	157.0	55.2	1.0	24.6	111.0	47.8	76.9	−0.04
9 月平均流量	58.6	0.8	27.6	136.5	62.8	0.6	24.6	101.0	47.8	76.5	0.39
10 月平均流量	36.1	0.8	0.0	108.0	56.9	0.7	24.5	114.0	30.7	51.5	−0.47
11 月平均流量	34.7	0.4	17.2	68.8	46.4	0.6	24.6	102.0	31.3	40.9	−0.89
12 月平均流量	27.5	0.5	15.5	64.4	27.5	1.6	0.0	82.2	22.7	33.0	−0.36
最小 1 日流量	10.0	0.5	0.0	17.0	0.0	0.0	0.0	2.4	9.1	11.5	−1.00
最小 3 日流量	10.7	0.5	0.0	17.8	0.0	0.0	0.0	5.0	9.9	12.1	−1.00
最小 7 日流量	11.0	0.5	0.0	19.4	0.0	0.0	0.0	10.7	9.5	12.6	−0.89
最小 30 日流量	12.8	0.4	0.1	26.4	8.7	1.0	0.0	22.4	11.0	14.5	−0.68
最小 90 日流量	15.2	0.4	10.4	30.7	17.2	0.4	11.2	45.0	14.2	18.1	−0.04
最大 1 日流量	352.0	0.5	153.0	855.0	300.0	1.3	54.4	918.0	307.8	446.9	−0.57
最大 3 日流量	244.2	0.7	124.7	493.0	213.2	1.3	53.7	798.0	188.1	323.4	−0.15
最大 7 日流量	174.4	0.7	95.2	320.3	148.4	1.0	53.6	506.4	137.9	237.5	−0.25
最大 30 日流量	122.2	0.5	41.3	214.7	101.2	1.0	40.9	196.9	85.3	138.5	0.07
最大 90 日流量	85.6	0.5	35.5	178.4	74.0	0.6	29.7	134.9	62.8	99.3	0.28
断流天数	0.0	0.0	0.0	24.0	48.0	0.8	0.0	97.0	0.0	0.0	−0.96
基流指数	0.3	0.0	0.0	0.5	0.0	0.0	0.0	0.4	0.2	0.3	−1.00
极小流量发生时间	51.0	0.2	8.0	366.0	292.0	0.1	1.0	337.0	59.5	221.8	−0.89
极大流量发生时间	158.0	0.1	88.0	268.0	185.5	0.3	70.0	363.0	138.6	165.1	−0.68
低脉冲次数	9.0	0.9	1.0	19.0	15.5	0.6	4.0	59.0	7.6	12.0	−0.33
低脉冲持续时间	3.0	1.2	1.0	9.0	2.0	0.6	1.0	4.0	2.3	4.4	−0.57
高脉冲次数	13.0	0.3	7.0	23.0	11.0	0.8	1.0	33.0	12.0	14.0	−0.85
高脉冲持续时间	2.5	0.4	1.0	6.0	3.3	1.5	1.5	16.0	2.0	3.0	−0.42
流量平均增加率	4.1	1.1	2.0	12.1	1.5	1.5	0.3	8.4	2.8	5.1	−0.36
流量平均减少率	−3.2	−0.5	−6.0	−2.2	−1.8	−1.0	−5.1	−0.4	−3.9	−2.8	−0.25
逆转次数	142.0	0.2	87.0	177.0	177.5	0.2	50.0	240.0	133.6	158.0	−0.56

注　表中流量的单位为 m³/s；天数、发生时间、持续时间的单位为 d；增加率、减少率为%。

（2）月均流量。图 2.17 反映了小水电开发前后仁化水文站 1 月和 7 月平均流量的变化趋势。从图中可以看出，1 月与 7 月流量均呈上升趋势。该流量指标的增长，对河流系统中的鱼类的生长具有改善作用。

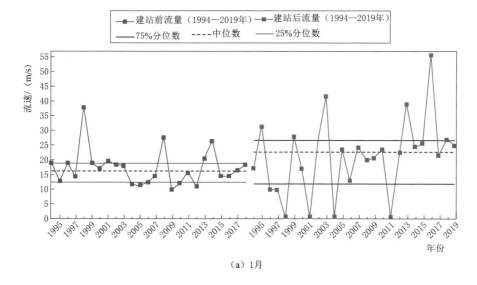

（a）1 月

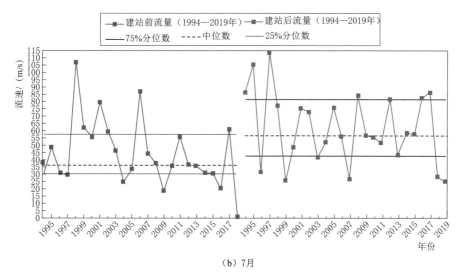

（b）7 月

图 2.17　仁化水文站 1 月、7 月平均流量变化图

（3）年极端流量变化。图 2.18 为仁化站最大 3 日平均流量与最小 90 日平均流量变化情况，从图中可以看出，仁化站的最大 3 日平均流量呈现下降的趋势，最小 90 日平均流量呈现出上升的趋势。这是由于水电站闸坝的拦截和削峰补谷

作用，削减了洪峰流量，同时在枯水期泄放汛期拦蓄的洪水。

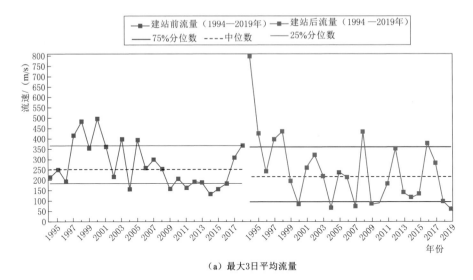

（a）最大3日平均流量

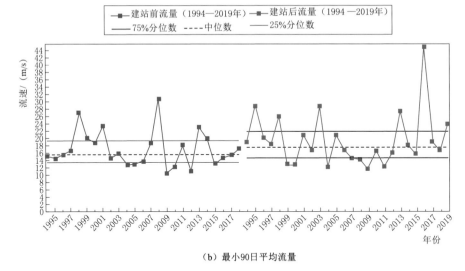

（b）最小90日平均流量

图 2.18　仁化水文站最大 3 日、最小 90 日平均流量变化图

　　（4）年极端流量发生时间。图 2.19 为仁化站年极端流量在年度内的发生时间，可以看出，在锦江小水电开发前后，仁化站点的年极端流量中，极值发生的时间波动比较大。根据流量过程的年内分布情况，小水电开发前，极小流量主要集中发生在 1—3 月，极大流量主要集中发生在 4—6 月；小水电梯级开发后，极小流量主要集中发生在 9—10 月，极大流量主要集中发生在 5—7 月。

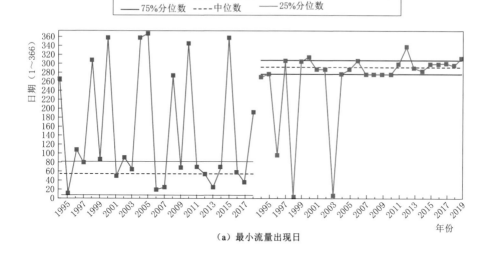

（a）最小流量出现日

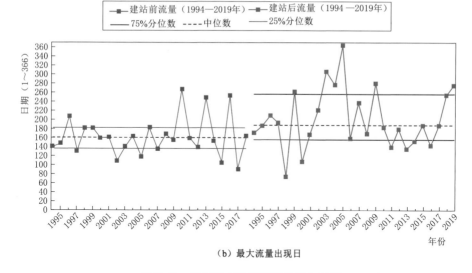

（b）最大流量出现日

图 2.19 仁化水文站极端流量发生时间

（5）高低流量出现次数及延时。图 2.20 为仁化站高低流量的变化趋势图。从图中可以看出仁化站高流量出现的次数在小水电梯级开发后呈现出减少的趋势，但高流量出现的平均历时较开发前有上升趋势；仁化站低流量出现的次数在小水电梯级开发后呈现出增加的趋势，但低流量出现的平均历时较开发前大大减小。小水电工程的蓄丰补枯造成高流量与低流量呈现出相反的变化趋势。

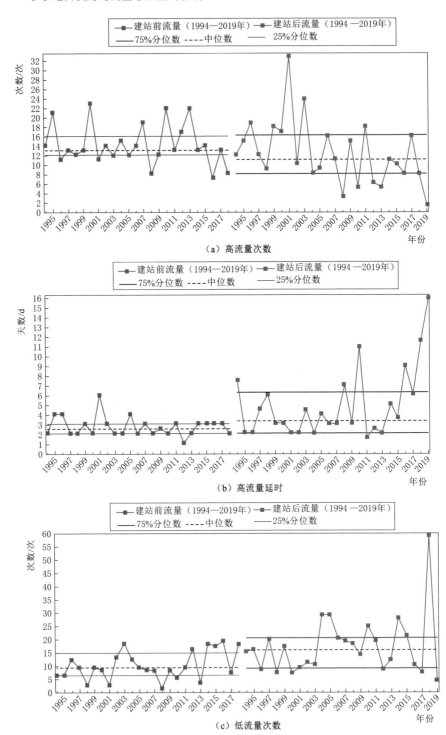

图 2.20（一） 仁化水文站高低流量出现次数及延时

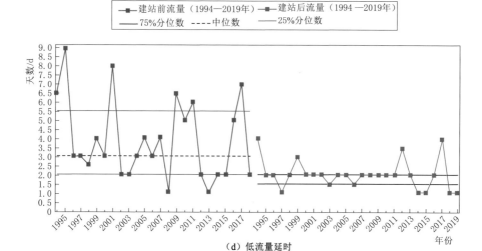

图 2.20（二） 仁化水文站高低流量出现次数及延时

（6）流量变化率及频率。图 2.21 为仁化水文站流量变化率及逆转次数图。从图中可以看出小水电开发前后，流量的平均减少率呈下降趋势，平均增加率呈上升趋势，逆转次数也呈增加趋势。流量逆转次数在 2017 年与 2018 年波动较大，可以看出锦江最近两年的河道流量呈现出极不稳定的状态。

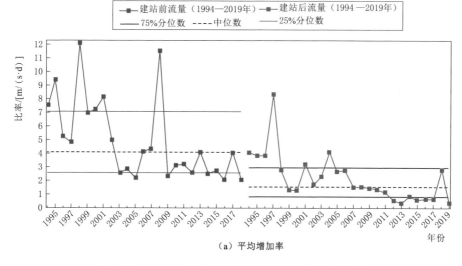

图 2.21（一） 仁化水文站流量变化率及逆转次数图

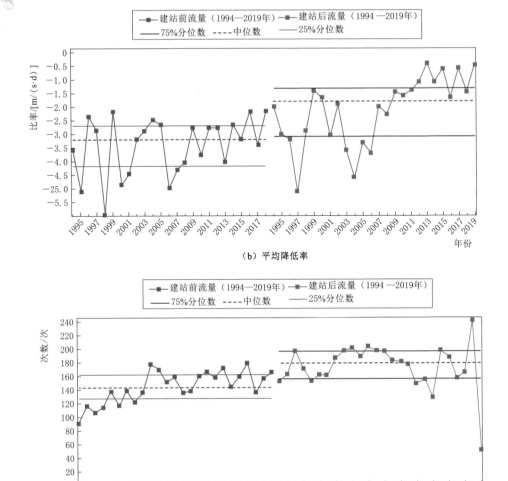

（b）平均降低率

（c）逆转次数

图 2.21（二）　仁化水文站流量变化率及逆转次数图

2.3.4　整体水文改变度

采用本书提出的基于几何平均原理的整体水文改变度法，计算仁化站的整体水文改变度，其结果为 0.74，表明锦江干流的整体水文改变度属高度扰动，说明锦江干流上小水电工程的梯级开发及调度使锦江的水文情势从整体上产生了较大的改变。按照 IHA 指标从大到小排序，锦江干流河段基于小水电开发影响的 IHA 指标变动的关键因子排序如图 2.22 所示。

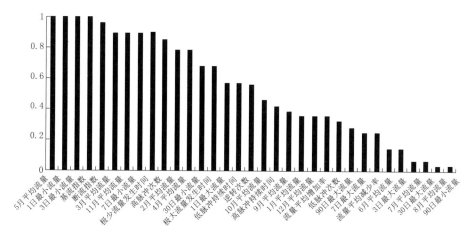

图 2.22 干流 IHA 指标均值变动的排序图

图 2.22 表明，干流上的 IHA 指标均发生了改变，其中 14 个 IHA 指标发生了高度扰动，9 个指标发生了中度扰动，10 个发生了低度扰动，表明小水电的梯级开发及运行，对锦江干流的天然流量变动产生了显著影响。在高扰动指标中，改变度最高的 5 个指标分别为 5 月平均流量、1 日最小流量、3 日最小流量、基流指数和断流天数，主要是表征低流量特征这类的流量指标，表明锦江上的梯级小水电站在小流量上的调度上可能存在一定的问题，导致小流量过低或出现断流的情况。这一现象可能对锦江干流内的水生生物枯水期的存过率产生较大影响，在河流的生态需水配置及调度中，应对这些受到扰动影响较大的指标予以重点关注。

2.3.5 水生态状况评价

本书在瑶山水电站上下游 200m 范围内各取一个断面进行浮游植物、浮游动物与底栖动物的调查，采用五个指标进行生物学评价，然后参考刘玉年等在淮河流域的做法，计算出综合生物指数[180]。其计算公式为

$$BI = w_1 I_1 + w_2 I_{2+} w_3 I_3 \tag{2.14}$$

式中：BI 为综合生物指数；I 为各类生物的生物指数；w 为权重，结合锦江的实际情况，根据生物量状况对流域水生态环境的影响不同，确定浮游植物、浮游动物与底栖动物的权重，分别取 0.5、0.3 和 0.2。

在计算出各断面的生物指数后，参考赵长森等基于大量文献所确定的水体污染程度同生物学指数的关系及其构建的水体污染程度和生态系统稳定程度之间的关系，进行锦江调查断面的生态质量评价[181]。瑶山水电站坝上及坝下断面的水生生物综合生物指数与生态质量评价结果见表 2.10。

表 2.10   瑶山水电站坝上及坝下断面的水生生物
综合生物指数与生态质量评价结果

采样点	综合生物指数					生态质量评价	
	Shannon-weaver 多样性指数 H	Simpson 指数 D	Margalef 种类丰富度指数 d	Pielous 种类均匀度指数 J	污染耐受指数 PTI	水体污染程度	生态系统稳定性
瑶山电站坝上 200m	0.68	0.36	0.57	0.51	5.35	中度或轻度	脆弱
瑶山电站坝下 200m	0.60	0.34	0.32	0.48	5.17	中度或轻度	脆弱

由表 2.10 可知,锦江干流水质整体上处于中度或轻度污染的状态,河流处于亚健康的状态,水生生态系统稳定性不容乐观。其中瑶山电站坝上河段的水生生物的综合指数均略大于坝下河段,说明由于瑶山电站的修建,库区水深加大、流速减缓,库区建坝后更有利于水生生物群落的生存。

2.4 小结

在解析水电开发对河道径流影响时,本章不同于以往研究,既避开了常用的径流还原计算的不足,也充分发挥了水文模型的优势。研究结果如下:

(1)通过构建锦江流域的分布式物理模型,还原小水电开发之后的流量序列,解决了缺少人类活动干扰之前的流量数据的问题;并将还原序列与小水电开发之后实测序列进行对比分析,从流量特征、IHA 指标以及水文改变度等方面量化流域水电开发对生态环境的影响。

(2)采用综合生物指数的方式对锦江进行水生态状况评价,表明锦江小水电开发后流量年内离散程度呈下降趋势,并且增大了断流的可能;小水电的梯级开发造成 33 个 IHA 指标全部发生了改变;锦江干流的水文整体改变度为 0.74,呈高度扰动状态,且锦江干流处于亚健康状态,水生生态系统稳定性不容乐观。

可见,锦江流域的水电开发对锦江流域河道流量带来极为不利的影响,如何保障锦江流域生态流量,实现区域水资源可持续利用,保护河流生态环境是亟待解决的问题。

第3章 小水电开发下河流生态系统服务效应

3.1 生态系统服务效应

生态系统服务的研究起始于20世纪60年代，70—80年代得到进一步的发展。1974年，Holdren等提出了全球环境服务（global environmental services）的概念[182]，1981年，Ehrlich等首次提出生态系统服务（ecosystem service）的概念[183]；Daily[184]、Costanza等[185]对生态服务价值进行了详细研究，结合实际案例分析了不同地区森林、湿地、海岸等生态系统服务功能价值。其中，Costanza等于1997年提出生态系统服务为生态系统产品和服务[185]，将全球生态系统划分出不同的生态系统类型和服务功能，并采用价值当量因子法计算出生态系统服务功能的经济价值，推动了生态服务价值评估在全球范围内的应用研究。Daily将生态系统服务定义为"生态系统及其生态过程所形成与维持的人类赖以生存的环境条件与效用"，包括供应人类生活和生产的产品和维持人类赖以生存与发展的自然条件[184]。2001年，联合国开展了千年生态系统评估（millennium ecosystem assessment，MA）项目，将生态系统服务定义为人们从生态系统中获得的各种惠益，并把人类福利与生态系统服务的关系作为研究的核心内容[186]。

河流生态系统服务则是指河流生态系统与河流生态过程所形成及维持的人类赖以生存的自然环境条件与效用[187-188]。根据河流生态系统的特点，河流生态系统服务按照莫创荣等的分类方法，可以分为产品提供、调节、文化娱乐和生命支持4类[189-190]。影响河流生态系统服务的因素有很多，主要有社会经济发展因素、生态环境压力因素、土地利用变化因素。随着社会经济发展水平的提高，人类对环境舒适性服务的需要、对自然环境重视性的认识及支付意愿都会不断增加。

3.2 生态系统服务效应评估方法

3.2.1 生态系统服务价值评估方法

河流生态系统服务价值估算需结合具体的服务类别选择合适的估算方法，包括常见的市场评估法、显示偏好法、陈述偏好法和协商参与法[191-192]。其中陈述偏好法中的条件价值法（contingent valuation method，CVM）在生态系统服务价值评估中最为常见，显示偏好法中的旅行成本法及内涵价格法较为常见，市场评估法常被分为直接市场法、市场替代法和模拟市场法等，其中最常见的方法包括市场价值法、机会成本法、恢复费用法等。

（1）市场替代法。市场替代法是指用价格或者影子价格等反映生态系统服务经济价值的计算方法，包括市场价值法、机会成本法、旅行费用法等。其中，市场价值法是通过评估有市场价格的生态产品或服务的价值，进而判断生态系统服务或生态环境损害的经济价值，它是测算生态系统服务价值中最常用、也是最简单的方法，但其主要针对有市场价格的生态服务或产品，鉴于生态系统服务种类繁多，很难定量，在实际应用中也存在困难。机会成本法是在资源数量一定的情况下，从事一项经济活动所必须放弃的其他各类经济活动的价值总和。它将资源与环境结合起来，从经济学的角度来衡量使用资源所付出的代价，适用于稀缺性的生态类型，但涉及条件较多，不易操作。旅行费用法是一种评价无价格商品的方法。旅行费用来算环境质量发生变化后给旅游场所带来效益上的变化，从而估算除环境质量变化造成的经济损失或收益，人们游览风景区通常不付费或付费很少，旅行费用主要是交通费、时间的机会成本等。

（2）条件价值法。条件价值法，又称调查法、假设评价法，是评价公共物品价值的一种独特而重要的方法，生态系统服务的经济价值表现为净支付意愿或支付意愿。其主要通过调查、问卷、投标和其他方法来了解消费者的支付意愿和净支付意愿，综合所获取的支付意愿信息后来开展综合评估。

（3）恢复费用法。恢复费用法是计算生态系统服务价值的一种方法，将恢复生态系统服务所需的费用作为生态环境损失的最低值。其中，影子工程法作为恢复费用法的一种特殊形式，是在环境被破坏之后，用新建造一个工程的总成本来评估原被破坏的生态环境或生态系统服务价值的方法。

3.2.2　小水电开发对河流生态系统服务影响分析

水电开发对河流生态系统服务具有多方面的影响，根据其对生态系统的服务进行分类，主要可分为以下几个方面：

（1）提供。随着水电梯级开发建设，增加或改善了天然河流供水、灌溉、发电、航运、提供水产品等功能；同时，也有可能阻碍了洄游性鱼类的洄游通道，造成鱼类数量减少，渔业部门因此受到损失。

（2）支持。随着河流上修筑拦河闸坝，改变了天然河道的水文情势，使得泥沙和营养物质的输送方式发生变化，从而降低了河流输沙量和营养物质的运移量；同时，通过改变生物的栖息地环境，进而改变生物的种群结构和功能；同时，水库的修建会造成一定的淹没，并有可能引发移民。

（3）调节。随着水电梯级开发，一方面通过有效调蓄洪水，避免了洪水损失，减少了 CO_2、SO_2 等温室气体的排放；但另一方面随着梯级水电站的修建，河流水体的流动性变差，水体的自净能力下降，一些水库出现富营养化现象，水环境质量下降；再加上库区内泥沙的淤积，使得下游泥沙量减少。

（4）文化。随着水电梯级开发建设，一方面抬高了库区水位，改善了河道景观，可能会形成新的旅游景点，提高河流的休闲娱乐价值；但另一方面也有可能因为水库的修建，破坏或淹没库区内的景点或文化遗产。

综合相关文献，水电开发对河流生态系统服务的影响见表 3.1。按照对人类的受益情况，影响可分为正效应和负效应，其中正效应包括发电、灌溉、航运、减少温室气体排放、调蓄洪水等，负效应包括对耕地、林地、草地等生态系统的淹没、水库泥沙淤积、生物多样性下降等，用生态正效应减去负效应即为水电开发对河流生态系统的总效应。

表 3.1　　　　　　　　水电开发对河流生态系统服务的影响

序　号	生态系统服务类别		正负效应
1	提供功能	粮食产品	－
		林产品	－
		渔业产品	＋/－
		发电	＋
		灌溉	＋
		航运	＋
2	支持功能	有机质生产	－
		固碳释氧	－

续表

序　号	生态系统服务类别		正负效应
3	调节功能	调蓄洪水	+
		涵养水源	-
		净化水质	-
		水库淤积	-
		控制侵蚀能力	-
		减少温室气体	+
		生物多样性维持	-
4	文化功能	旅游	+/-
		文化遗产丧失	-

注　＋表示正效应，－表示负效应。

按照影响范围可分为对陆地和河流生态系统的影响，如图 3.1 所示。陆地生态系统包括受淹没等影响的耕地、林地、草地、园地、建设及居民用地、未利用地等不同类型的土地，河流生态系统包括库区及坝址下游河流。

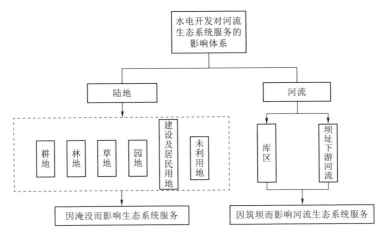

图 3.1　水电开发对河流生态系统服务的影响体系

3.2.3　小水电开发对河流生态系统服务影响评估体系

水电开发对河流生态系统服务的影响是复杂的、多方面的，定量分析有助于科学评估水电开发对生态系统服务的影响，指导水电合理开发建设。

3.2.3.1　提供

（1）提供粮食产品。水电开发为获得发电水头往往需要在河流上筑坝，导致部分生产用地（包括水田、旱地、菜地等）被淹没而丧失了生产粮食的功能。

采用市场价值法估算因耕地被淹没使生态系统粮食减少的价值。

$$V_1 = P_1 S_1 / 10000 \tag{3.1}$$

式中：V_1 为粮食产品价值损失，万元；P_1 为单位耕地面积的粮食平均产值，元/（亩·年）；S_1 为淹没的耕地面积，亩。

（2）提供林产品。水电开发所产生的淹没可能会使林产品价值出现损失，减少的价值可以采用市场价值法进行评价，以淹没的林地面积与单位面积的林产品产值的乘积表示。

$$V_2 = P_2 S_2 / 10000 \tag{3.2}$$

式中：V_2 为淹没林地而导致的林产品的损失，万元；P_2 为单位面积的林产品产值，元/（亩·年）；S_2 为淹没的林地面积，亩。

（3）渔业产品。因水电开发淹没鱼塘等导致渔业产品的减少，用单位面积鱼塘的平均产量与单位产量渔业产品价格的乘积表示。

$$V_3 = P_3 Q_3 S_3 / 10000 \tag{3.3}$$

式中：V_3 为淹没鱼塘而导致的渔业产品的损失，万元；P_3 为单位重量的渔业产品价格，元/kg；Q_3 为单位鱼塘面积的渔业产品产量，kg/（亩·年）；S_3 为淹没的鱼塘面积，亩。

（4）发电。发电是水电开发的主要任务，电力产品价值量可用电站的年均发电量与电价的乘积来表示。

$$V_4 = P_4 S_4 / 10000 \tag{3.4}$$

式中：V_4 为发电效益，万元；P_4 为水电上网电价，元/（kW·h）；S_4 为电站的年均发电量，万 kW·h。

（5）灌溉。在河流上筑坝后，抬高坝上水位，使河岸带灌溉面积扩大，灌溉保证率得以提升。灌溉的价值量采用保证灌溉的耕地面积与单位耕地的产值增值部分之积来计算。

$$V_5 = \alpha P_5 S_5 / 10000 \tag{3.5}$$

式中：V_5 为灌溉的价值量，万元；α 为灌溉的效益分摊系数；P_5 为单位耕地（包括水田、旱地、菜地等）的粮食平均产值，元/亩；S_5 为因电站修建而改善的灌溉面积，万亩。

（6）航运。由于坝上水位抬高，水库回水可改善上游通航河道，消除急滩，为航运创造有利条件。航运的效益可以用改善的航道距离与单位距离航道运输费用的乘积来表示。

$$V_6 = \beta P_6 S_6 Q_6 / 10000 \tag{3.6}$$

式中：V_6 为年航运的效益，万元；β 为航运的效益分摊系数；P_6 为河流航运节省的单位距离运输费用，元/（t·km）；S_6 为因电站修建而改善的航道距离，km；Q_6 为年运输量，t/年。

3.2.3.2 支持

（1）有机质生产。水电开发影响了植被的生产能力，植被的根、茎不能直接提供粮食产品，但可作生物质能提供能量。采用生物质发电所产生的经济效益来估算有机质生产的价值。

$$V_7 = P_7 S_7 Q_7 / 10000 \tag{3.7}$$

式中：V_7 为初级生产力生产有机质价值损失，万元；P_7 为影子电价，元/（kW·h）；S_7 为有机质的年损失量，t/年；Q_7 为单位有机质的年发电量，kW·h/t。

（2）固碳释氧。河流生态系统的浮游植物、河岸带植物等具有固碳释氧功能。根据光合作用方程式计算固碳释氧价值。

$$U_{CO_2} = 1.63 krp = 1.63 AU \tag{3.8}$$

$$U_C = 0.2727 U_{CO_2} \tag{3.9}$$

$$U_{O_2} = 1.19 krp = 1.19 AU \tag{3.10}$$

式中：U_{CO_2} 为植被吸收 CO_2 量，t/年；U_C 为植被储存碳量，t/年；U_{O_2} 为植被释放氧气的量，t/年；k 为植被蓄积量与生物量的转换系数，t/m^3；r 为植被蓄积量的年增长率，%；p 为植被的年蓄积量，$m^3/年$；A 为植被面积，km^2；U 为植被生产力，$t/(km^2·年)$。二氧化碳中碳的质量分数为 27.27%。

目前多采用造林成本法和碳税法来确定吸收二氧化碳和释放氧气的价值。我国造林成本按 251.4 元/t 碳、352.93 元/t 氧计算。碳税法中一般采用瑞典的碳税价格 150 美元/t，以 2016 年美元对人民币的汇率 6.6174 换算为 993 元/t；制氧价格采用我国工业氧的现价 400 元/t。则淹没区年生态系统植被固碳总价值为

$$V_8 = 0.2727 P_8 S_8 Q_8 / 10000 \tag{3.11}$$

式中：V_8 为年生态系统植被固碳总价值，万元；P_8 为碳的固定价值，元/t；S_8 为淹没区植被面积，hm^2；Q_8 为植被的二氧化碳排放量，t/hm^2。

淹没区年生态系统植被释氧总价值为

$$V_9 = P_9 S_9 Q_9 / 10000 \tag{3.12}$$

式中：V_9 为年生态系统植被释氧总价值，万元；P_9 为氧气的单位释放价值，元/t；S_9 为淹没区植被面积，hm^2；Q_9 为植被的氧气释放量，t/hm^2。

3.2.3.3 调节

（1）调蓄洪水。河流上筑坝改变了河流天然的水文状况，通过库容蓄洪调枯，其调蓄洪水的价值可以用避免洪涝灾害损失来估算。常用的方法包括：通过工程保护耕地而避免产生的农业损失或对防洪工程修建前后地区洪灾经济损失变化来衡量。调蓄洪水的经济价值为

$$V_{10} = \gamma P_{10} S_{10} / Q_{10} / 10000 \tag{3.13}$$

式中：V_{10} 为调蓄洪水的价值，万元；γ 为调蓄洪水的效益分摊系数；P_{10} 为避

免洪涝灾害总损失，元/年；S_{10} 为水库调蓄库容，m^3；Q_{10} 为地区或流域年均径流总量，m^3。

（2）涵养水源。生态系统的水分调节功能主要体现在森林和草地的涵养水源功能，水电开发可能会导致森林和草地等被淹没，因此采用水量平衡法和影子工程法来估算淹没区植被涵养水源的价值。式（3.14）为水量平衡法计算公式；式（3.15）为影子工程法计算公式。

$$W = (R - E)A = \theta RA \tag{3.14}$$

式中：W 为涵养水源量，m^3/年；R 为平均降水量，mm/年；E 为平均蒸发量，mm/年；A 为研究区域面积，hm^2；θ 为径流系数。

$$V_{11} = P_{11}S_{11}/10000 \tag{3.15}$$

式中：V_{11} 为涵养水源的价值，万元；P_{11} 为建设单位库容的水库需要投入的成本费用，元/m^3；S_{11} 为淹没区植被的涵养水源量，m^3/年。

（3）净化水质。拦河大坝的修建改变了天然河流的水文情势，使水体稀释、扩散、迁移和净化能力下降；另外，森林也有净化水质的功能，可通过降雨时的林地土壤稳定入渗量来评价净化水质的效益。林地土壤稳定入渗量计算公式为

$$W^{\lambda} = h^{\lambda}At \times 10r \tag{3.16}$$

式中：W^{λ} 为林地土壤稳定入渗量，t；h^{λ} 为林地土壤稳渗率，mm/min；A 为林地面积，hm^2；t 为入渗时间，min；r 为水的比重，t/m^3。

森林净化水体总量＝林区总面积×（年降水量×10）×

森林覆盖率×（1－林冠截留率）

净化水质的价值可以用替代工程法估算，用森林拦截的降水量与治理单位体积水体净化费的乘积来表示，其中森林拦截的降水量可以用淹没区植被涵养水源量来替代，即用当地污水处理厂处理单位体积污水的成本与淹没区植被的涵养水源量的乘积来表示净化水质的价值损失。

$$V_{12} = P_{12}S_{12}/10000 \tag{3.17}$$

式中：V_{12} 为净化水质的价值，万元；P_{12} 为当地污水处理厂污水处理成本，元/m^3；S_{12} 为淹没区植被的涵养水源量，m^3/年。

（4）水库淤积。水电站的修建改变了河流原来的水动力条件，流速减缓，流量年内分配模式出现变化，泥沙在库区内淤积。用恢复费用法来估算水库淤积的价值影响。

$$V_{13} = \delta P_{13}S_{13}/10000 \tag{3.18}$$

式中：V_{13} 为泥沙淤积的年损失量，万元；δ 为泥沙的干容重；P_{13} 为单位重量泥沙人工清理成本，元/t；S_{13} 为水库的泥沙淤积量，t/年。

（5）控制侵蚀能力。水电开发建设对河流控制侵蚀能力产生影响，随着泥沙在库区内淤积，河口泥沙造陆功能减弱。用机会成本法来估算控制侵蚀能力

的价值。

$$V_{14} = P_{14}(Q_{14}/q_{14})/d_{14}/10000 \quad (3.19)$$

式中：V_{14} 为控制侵蚀能力的年损失价值量，万元；P_{14} 为单位土地的平均产值，元/hm²；Q_{14} 为河流年均输沙量，万 t/年；q_{14} 为土壤密度，t/m³；d_{14} 为土壤表土平均厚度，m。

（6）减缓温室气体排放的效应。水力发电代替火力发电，可以有效减少 CO_2、SO_2 气体的排放。按照发 1kW·h 电需要 0.33kg 煤，1t 标准煤燃烧排放 2t CO_2 和 0.02t SO_2 计算温室气体排放量。因温室气体减排而产生的生态正效益，用恢复费用法计算治理温室气体的成本。治理 C 的单位价值取 260.9 元/t，治理 SO_2 的单位价值取 600 元/t[193]。

$$V_{15} = 27.27\% P_{15} S_{15}/10000 \quad (3.20)$$

式中：V_{15} 为减少 CO_2 排放量的价值量，万元；P_{15} 为治理单位碳的成本，元/t；S_{15} 为水电站年减少 CO_2 排放量，t/年。

$$V_{16} = P_{16} S_{16}/10000 \quad (3.21)$$

式中：V_{16} 为减少 SO_2 排放量的价值量，万元；P_{16} 为治理单位 SO_2 的成本，元/t；S_{16} 为水电站年减少 SO_2 排放量，t/年。

$$V_{17} = V_{15} + V_{16} \quad (3.22)$$

式中：V_{17} 为减缓温室气体排放的效应，万元。

（7）生物多样性维持。水电站的修建，一方面阻隔了洄游性鱼类的洄游通道，造成生境破碎化，影响鱼类等水生生物的生存；另一方面也影响了河岸带植物的生存，从而对河流生态系统的生物多样性造成影响。根据水体生态系统单位面积的生物多样性维持价值，可算出生物多样性维持价值为

$$V_{18} = P_{18} S_{18}/10000 \quad (3.23)$$

式中：V_{18} 为生物多样性维持价值，万元；P_{18} 为单位面积生物多样性维持价值成本，元/(hm²·年)；S_{18} 为受影响的生态系统面积，hm²。

由于生物多样性的价值测算比较复杂，除了采用上述理论效果估算法外，也可采用防护费用法来计算维持生物多样性所付出的成本，以付出的成本作为价值估算的下限。

3.2.3.4 文化

水电开发通过蓄水提高了河流的休闲娱乐价值；另外，也有可能淹没原有的自然景观、文化遗迹等，破坏生态环境为人类提供的休闲娱乐价值。一般采用旅行费用法来评估文化娱乐功能。

$$V_{19} = \varepsilon P_{19} S_{19}/10000 \quad (3.24)$$

式中：V_{19} 为文化娱乐功能增加的旅游收益，万元；P_{19} 为旅客人均支出，元/年；S_{19} 为游客人数增加量，人；ε 为旅游景点在旅游效益中的分摊系数。

综上所述，水电开发对河流生态系统服务的影响评估体系见表3.2。

表3.2　　　　水电开发对河流生态系统服务的影响评估体系

序号	生态系统服务类		影响范围	核算指标	计算方法
1	提供功能	粮食产品	淹没所影响的各生态系统	淹没区的粮食产量	市场价值法
		林产品	淹没所影响的各生态系统	淹没区的林产品产量	市场价值法
		渔业产品	淹没所影响的各生态系统	淹没区的水产养殖量	市场价值法
		发电	河流生态系统	年均发电量	市场价值法
		灌溉	河流生态系统	灌溉用水或面积增加量	机会成本法
		航运	河流生态系统	因水位提高而改善的航运量	市场价值法
2	支持功能	有机质生产	因淹没而影响的各生态系统	有机质年损失量	影子价格法
		固碳释氧	因淹没而影响的各生态系统	淹没林地草地的二氧化碳、氧气排放量	影子价格法
3	调节功能	调蓄洪水	河流生态系统	减少的洪涝灾害损失	机会成本法
		涵养水源	因淹没而影响的各生态系统	涵养水源量	影子工程法
		净化水质	因淹没而影响的各生态系统	涵养水源量	替代工程法
		水库淤积	河流生态系统	水库大坝修建导致的泥沙淤积量	恢复费用法
		控制侵蚀能力	河流生态系统	输送泥沙造陆收益	机会成本法
		减少温室气体	河流生态系统	CO_2、SO_2 温室气体排放量	恢复费用法
		生物多样性维持	河流生态系统	生物多样性维持价值	防护费用法
4	文化功能	旅游	因淹没而影响的各生态系统或河流生态系统	旅游容量与收入	旅行费用法

3.3　锦江干流水电开发河流生态系统服务效应评估实例

本节以锦江水库以下的锦江干流段为例，开展水电开发对河流生态系统服务效应评估。锦江水库以下共有5个梯级电站，分别为锦江水电站、西岸水电站、黄屋水电站、丹霞水电站与瑶山水电站。

3.3.1　对提供功能的影响

锦江干流梯级电站中，锦江水库作为锦江干流上的控制性工程，水库淹没影响涉及范围大，根据《韶关市环境保护局关于广东仁化县锦江电力开发总公司广东省锦江水电站工程建设项目竣工环境保护验收决定书》（韶环审〔2013〕521号），锦江水库的建设造成淹没耕地1969亩、林地7762亩，其余电站均为河床式水电站，对上游不会造成淹没影响，因此本节重点考虑对粮食产品和林产品的影响。

（1）粮食产品。生态系统的粮食产品提供价值采用收益损失法进行估算。根据调研，锦江干流段所在地经济结构仍以农业经济为主，农业生产以种植业为主，种植业产值约占农业总产值的 50% 以上。锦江干流梯级电站淹没区水田主要种植水稻，耕作制度为一年两季，亩产水稻约 414kg/亩[194]，旱地主要种植番薯、花生、玉米等农作物，亩产薯类 268kg/亩、花生约 150kg/亩，2016 年稻谷、薯类、花生的平均收购价分别为 2.84 元/kg、4.4 元/kg、5.4 元/kg。根据韶关市统计年鉴，韶关市单位面积耕地粮食产量为 378.6kg/亩[194]，结合水田、旱地种植比例等调查，粮食综合平均收购价格按 4.3 元/kg，则单位耕地的粮食产值约为 1628 元/亩。因淹没耕地而减少的生态系统粮食产品价值计算结果见表 3.3。

表 3.3　　　锦江干流水电开发对粮食产品提供功能影响的价值估算

电站名称	淹没耕地/亩	价值量/万元	电站名称	淹没耕地/亩	价值量/万元
锦江水电站	1969	320.55	丹霞水电站	—	—
西岸水电站	—	—	瑶山水电站	—	—
黄屋水电站	—	—	合计	1969	320.55

（2）林产品。生态系统的林产品提供价值采用收益损失法进行评价。各梯级电站的淹没林地面积不同，根据调查，库区淹没实物比较集中的是仁化县林场，该林场现有林地 12.6 万亩，其中杉木林 2.1 万亩，蓄积量 9.87 万 m³，松杂林 8.1 万亩，蓄积量 50 万 m³，每年向国家提供 0.8 万 m³ 木材和 1 万 m³ 胶合板的原料，以及承担当地的民用材约 0.5 万 m³。锦江水库蓄水后，淹没林地 7762 亩，其中成林杉木 2300 亩。根据地方林业部门提供的相关数据，用材林年产值为 180 元/亩、竹林年产值为 1026 元/亩（不高于 1500 元/亩，不低于 500 元/亩），两者平均产值为 603 元/亩，则淹没区的林产品经济价值见表 3.4。

表 3.4　　　锦江干流水电开发对林产品提供功能影响的价值估算

电站名称	淹没林地/亩	价值量/万元	电站名称	淹没林地/亩	价值量/万元
锦江水电站	7762	468.05	丹霞水电站	—	—
西岸水电站	—	—	瑶山水电站	—	—
黄屋水电站	—	—	合计	7762	468.05

（3）渔业产品。根据调查，由于锦江干流梯级电站的建设，未造成大范围的鱼塘淹没，因此本次不进行考虑。

（4）发电。根据调查，锦江干流梯级电站上网电价按 0.4382 元/(kW·h) 计，发电量按 2014—2019 年 6 年的平均发电量计，除去 1% 的厂用电外，梯级电站的年发电效益见表 3.5。

表 3.5 锦江干流水电发电功能的价值估算

电站名称	年均发电量/(万 kW·h)	上网电价/[元/(kW·h)]	价值量/万元
锦江水电站	11576	0.4382	5022
西岸水电站	1218	0.4382	528
黄屋水电站	1476	0.4382	640
丹霞水电站	2640	0.4382	1145
瑶山水电站	2600	0.4382	1128
合计	19510	0.4382	8464

（5）灌溉。锦江流域梯级电站除锦江水电站外，其他电站均无灌溉功能。电站修建后，由于水位抬高，从坝址左右岸引水灌溉两岸及下游耕地，改善农田灌溉面积。单位面积耕地的粮食平均产值按 1628 元/亩，灌溉的效益分摊系数取 0.1，则梯级电站的灌溉效益见表 3.6。

表 3.6 锦江干流水电开发对灌溉功能影响的价值估算

电站名称	改善灌溉面积/亩	价值量/万元	电站名称	改善灌溉面积/亩	价值量/万元
锦江水电站	12000	195.36	丹霞水电站	—	—
西岸水电站	—	—	瑶山水电站	—	—
黄屋水电站	—	—	合计	12000	195.36

（6）航运。根据锦江干流各梯级电站均无船闸，且锦江干流目前基本无通航功能，因此本次不进行考虑。

3.3.2 对支持功能的影响

（1）有机质生产。植被的根、茎为生物质提供能量来源，可用生物质发电所产生的经济效益来估算有机质生产的价值。根据相关资料，生物质能热电厂的秸秆发电量为 0.06kW·h/(t·年)[195]，广东省生物质发电项目中的农林生物质发电项目的统一上网电价为 0.75 元/(kW·h)，据调查，水稻的秸秆产量为 500～700kg/亩，旱地和菜地的干的藤蔓产量约为 100kg/亩，以锦江干流为例，淹没区生产有机质的价值量几乎可以忽略不计，因此该部分不纳入价值核算体系。

（2）固碳释氧。锦江流域地处亚热带、中亚热带季风气候区，植物种类繁多，植物资源丰富，总体上属于亚热带森林生态系统，植被以常绿阔叶林为主。修建水电站淹没河岸带植被，造成植被固碳释氧功能损失。

林地年均产 CO_2 按 28.15t/hm² 计算[196]，基于我国造林成本及国际碳税法，可以确定 C 的单位固定价值为 770 元/t，O_2 的单位释放价值为 376.465 元/t[197]。

淹没区年森林固碳效益损失和释氧的效益损失见表 3.7。

表 3.7 锦江干流水电开发对固碳释氧功能影响的价值估算

电站名称	淹没的林地面积/亩	固碳价值/万元	释氧价值/万元
锦江水电站	7762	305.90	148.13
西岸水电站	—	—	—
黄屋水电站	—	—	—
丹霞水电站	—	—	—
瑶山水电站	—	—	—
合计	7762	305.90	148.13

3.3.3 对调节功能的影响

（1）调蓄洪水。锦江干流梯级电站中，除西岸水电站不具有防洪功能外，其他电站均具有防洪功能，其中锦江水电站是以防洪为主的水利枢纽工程，是锦江流域中上游防洪工程体系的重要组成部分，也是韶关市防洪工程体系的重要组成部分，防洪效益明显。

韶关市多年地表天然年径流量为 179.93 亿 m^3，单位库容保护耕地面积取 0.001138 亩/$m^{3[162]}$，韶关市单位面积耕地粮食的平均产值 1628 元/亩，水库调蓄洪水的效益分摊系数取 0.1，则锦江干流梯级水电站的调蓄洪水的价值见表 3.8。

表 3.8 锦江干流水电开发对调蓄洪水功能影响的价值估算

电站名称	总库容/万 m^3	坝址多年平均入库径流量/亿 m^3	价值量/万元
锦江水电站	18900	39.3	3501.53
西岸水电站	27	46.01	5.00
黄屋水电站	150	48.32	27.79
丹霞水电站	360	49.42	66.70
瑶山水电站	450	61.02	83.37
合计	19887	244.07	3684.39

（2）涵养水源。水价采用影子工程法，以全国每建设 $1m^3$ 水库库容需投入成本费 0.67 元计算，涵养水源量的价值见表 3.9。

表 3.9 锦江干流水电开发对涵养水源功能影响的价值估算

电站名称	总库容/万 m^3	坝址多年平均入库径流量/亿 m^3	淹没林地面积/亩	价值量/万元
锦江水电站	18900	39.3	7762	302.72
西岸水电站	27	46.01	—	—

电站名称	总库容/万 m³	坝址多年平均入库径流量/亿 m³	淹没林地面积/亩	价值量/万元
黄屋水电站	150	48.32	—	—
丹霞水电站	360	49.42	—	—
瑶山水电站	450	61.02	—	—
合计	19887	244.07	7762	302.72

（3）净化水质。根据实地调研，韶关市当地污水处理厂处理污水的成本为 0.8 元/t，将处理污水的量按照涵养水源量的 1% 来计算，或将因净化能力下降而增加的处理污水的量按水库总库容的 1% 计算，取两者平均值作为水质净化的价值损失量，则水质净化的价值损失见表 3.10。

表 3.10 锦江干流水电开发对净化水质功能影响的价值估算

电站名称	总库容/万 m³	涵养水源量/万 m³	按总库容估算价值量/万元	按涵养水源量估算价值量/万元	价值量/万元
锦江水电站	18900	452.39	151.20	3.62	77.41
西岸水电站	27	0.00	0.22	0.00	0.11
黄屋水电站	150	0.00	1.20	0.00	0.60
丹霞水电站	360	0.00	2.88	0.00	1.44
瑶山水电站	450	0.00	3.60	0.00	1.80
合计	19887	452.39	159.10	3.62	81.36

（4）水库淤积。锦江干流 5 个梯级电站中，除了锦江水库的拦沙率较大外，其他 4 个小水电站均为低水头径流式电站，库容较小，理论拦沙率低。低水头径流式电站，在汛期大部分泥沙能随洪水排入下游，而枯期泥沙较少。因此，除锦江水电站外，上游来沙对梯级电站水库影响不大，水库淤积影响暂不列入计算。采用机会成本法计算锦江水电站泥沙淤积所造成的价值损失，工程所在地的泥沙干容重按 1.5t/m³、单位重量的泥沙人工清理成本按 5 元/t 计算，则泥沙淤积所造成的价值损失为 357 万元/年。

（5）控制侵蚀能力。水电开发建设影响河流控制侵蚀的能力，主要反映在泥沙的造陆功能。随着泥沙在库区内淤积，河口泥沙造陆功能减弱。可以采用机会成本法来估算控制侵蚀能力的价值。就锦江梯级电站来说，除锦江水库以外，电站的库容都不大。在水库运用初期，下游河段有一定的冲刷，但因消能池的建设及运行年限的增加，下游河床冲刷速度不大且不断变缓，并逐步趋于冲刷平衡状态。上游来沙对梯级水库影响不大，再加上一级电站往往受下一级电站的回水影响，枯季泥沙在两级电站之间淤积，洪水期恢复天然河道特性，枯季落淤泥沙也会被冲刷,控制侵蚀能力影响较小,暂不列入计算。

(6)水库温室气体排放。锦江干流水电开发对河流温室气体排放的影响估算见表 3.11。

表 3.11　　锦江干流水电开发对温室气体排放功能影响的价值估算

电站名称	年均发电量/(万 kW·h)	减少 CO_2/万元	减少 SO_2/万元	价值量/万元
锦江水电站	11576	712.09	19.48	731.57
西岸水电站	1218	74.92	2.05	76.97
黄屋水电站	1476	90.79	2.48	93.28
丹霞水电站	2640	162.40	4.44	166.84
瑶山水电站	2600	159.94	4.38	164.31
合计	19510	1200.14	32.83	1232.97

(7)维持生物多样性。采用防护费用法来计算维持生物多样性的价值。为减少水电建设对库区生物的负面影响,需要采取生境修复、人工增殖放流等措施来保护鱼类等生物多样性。参考乐昌峡水电站的环境影响评价报告书,其不适合修建过鱼设施,必须通过人工增殖、人工放流、人工捕捞过鱼等措施来减缓对鱼类资源的影响,其投入的生态保护费用约 825 万元,鱼类增殖及人工放流共计 600 万元,人工增殖放流组织费 15 万元/年,鱼苗培育费 10 万元/年,人工捕捞过鱼 80 万元/年,水电站运行年限按 50 年计算,则乐昌峡水电站每年需投入的生态保护建设管理费为 735 万元。

考虑到目前所有梯级电站均未修建过鱼通道,参考广东省连江流域西牛航运枢纽中已建成运行的西牛鱼道,建设成本均按 538 万元估计,每年的运营费用 107 万元。综上,本次拟参考乐昌峡的增殖放流与西牛鱼道的费用,锦江、西岸、黄屋、丹霞与瑶山等电站均需投入的生态保护建设管理费统一取 700 万元。

表 3.12　　锦江干流水电开发对维持生物多样性功能影响的价值估算

电站名称	建设运营管理费/万元	生态环境保护和恢复措施
锦江水电站	700	修建过鱼通道及人工增殖放流等措施
西岸水电站	700	修建过鱼通道及人工增殖放流等措施
黄屋水电站	700	修建过鱼通道及人工增殖放流等措施
丹霞水电站	700	修建过鱼通道及人工增殖放流等措施
瑶山水电站	700	修建过鱼通道及人工增殖放流等措施
合计	3500	—

3.3.4 对文化功能的影响

随着锦江干流梯级电站的投产运行，电站库区水位抬高，形成了长条形湖泊，如在保护环境和水源前提下兴办环保型水上游乐项目，可提高河流的休闲娱乐价值。锦江水库梯级电站的开发，稳定了沿途河道水位流势，拓宽了景观水面，为两岸增添了更好的自然美景和工程景观，方便了泛舟游览，使丹霞名山及锦江河道的景色优势互补，构筑成一幅丹霞-锦江两相映衬的山水画廊。

仁化县以锦江"小丹霞"至瑶山水电站 50km 范围内的五级梯级电站为依托，于 2013 年成功申报了丹霞源水利风景区，丹霞源水利风景区占地面积 68.9km²，景区一江两岸，坐拥群山，森林覆盖率高，水生态环境好，是一座天然氧吧。景区依托锦江水库梯级电站水利枢纽工程，提升两岸农田的灌溉能力，并使下游县城和沿岸免受洪水袭击。同时，仁化县以丹霞源水利风景区荣获"国家级水利风景区"称号为契机，通过开发锦江水上系列项目，着力把丹霞源水利风景区建设成为国家级水利风景区，打造成为全省水利综合开发的示范点和仁化旅游新名片。

根据《仁化县 2020 年国民经济和社会发展统计公报》，仁化县 2020 年全年旅游总收入 31 亿元，其中世界地质公园丹霞山为仁化县最著名的景点。对文化功能的影响按全县旅游收入的 5‰计，则锦江干流上的梯级电站对旅游的贡献为 1550 万元，各电站平均 310 万元。

3.3.5 对河流生态系统服务效应综合评估

逐项计算锦江干流梯级电站对河流生态服务价值的变化量，见表 3.13，以此评估水电开发对河流生态系统服务的影响。

从表 3.13 的计算结果来看，锦江干流梯级电站对河流生态系统服务的正效应均大于负效应，锦江干流水电开发对河流生态系统产生的正效应为 15126 万元/年，负效应为 5178 万元/年，总效应为 9948 万元/年，正/负效应之比为2.9。通过对比分析，锦江干流 5 个梯级电站的正/负效应之比为 1.3～4.1，其中锦江水电站的正/负效应之比最大，为 4.1，西岸水电站的正/负效应之比最小，为 1.3。

将正效应和负效应进行排序，见表 3.14 和表 3.15，发现正效应主要体现在水力发电、调蓄洪水、减少温室气体排放、航运、灌溉；负效应主要体现在因淹没而导致的粮食产品、林产品、渔业产品等的产量减少、维持生物多样性、固碳释氧、净化水质、涵养水源等。其中正效应中最主要的功能是发电所产生的价值量，占比最大，分别占服务总价值量的 51%～68%；其次是调蓄洪水、减少温室气体排放、旅游等功能所产生的价值量。

表 3.13　　锦江水电梯级开发对河流生态系统服务的影响评估结果　　单位：万元

序号	生态系统服务类别		正负效应	锦江水电站	西岸水电站	黄屋水电站	丹霞水电站	瑶山水电站
1	提供功能	粮食食品	—	320.55	—	—	—	—
		林产品	—	468.05	—	—	—	—
		渔业产品	—	—	—	—	—	—
		发电	+	5022	528	640	1145	1128
		灌溉	+	195.36	—	—	—	—
		航运	+	—	—	—	—	—
2	支持功能	有机质生产	—	—	—	—	—	—
		固碳释氧	—	148.13	—	—	—	—
3	调节功能	调蓄洪水	+	3501.53	5.00	27.79	66.70	83.37
		涵养水源	—	302.72	—	—	—	—
		净化水质	—	77.41	0.11	0.60	1.44	1.80
		水库淤积	—	357	—	—	—	—
		控制侵蚀能力	—	—	—	—	—	—
		减少温室气体	+	731.57	76.97	93.28	166.84	164.31
		生物多样性维持	—	700	700	700	700	700
4	文化功能	旅游	+	310	310	310	310	310
	合计		+	7386.6	219.86	370.47	987.1	983.88

表 3.14　　　　　锦江水电梯级开发对河流生态系统服务的正效应

序号	锦江水电站		西岸水电站		黄屋水电站		丹霞水电站		瑶山水电站	
	服务	占比/%	服务	占比/%	服务	占比/%	服务	占比/%	服务	占比/%
1	发电	51	发电	57	发电	60	发电	68	发电	67
2	调蓄洪水	36	旅游	34	旅游	29	旅游	18	旅游	18
3	温室减排	7	温室减排	8	温室减排	9	温室减排	10	温室减排	10
4	旅游	3	调蓄洪水	1	调蓄洪水	3	调蓄洪水	4	调蓄洪水	5
5	灌溉	2	灌溉	—	灌溉	—	灌溉	—	灌溉	—
6	航运	—	航运	—	航运	—	航运	—	航运	—

　　除了水力发电外，锦江水电站最大的正效应体现在调蓄洪水方面，占服务总价值的 36%；其他梯级电站除发电外，最大的正效应体现在旅游方面，分别占服务总价值量的 18%～34%。负效应中最主要的功能是维持生物多样性、提供粮食产品、固碳释氧、提供林产品等功能，有机质生产、控制侵蚀能力等功

能所产生的价值较小，几乎可以忽略不计。

表 3.15　　　　　　锦江水电梯级开发对河流生态系统服务的负效应

序号	锦江水电站		西岸水电站		黄屋水电站		丹霞水电站		瑶山水电站	
	服务	占比/%	服务	占比/%	服务	占比/%	服务	占比/%	服务	占比/%
1	生物多样性维持	29	生物多样性维持	99.98	生物多样性维持	99.91	生物多样性维持	99.79	生物多样性维持	99.74
2	林产品	20	净化水质	0.02	净化水质	0.09	净化水质	0.21	净化水质	0.26
3	水库淤积	15	林产品	—	林产品	—	林产品	—	林产品	—
4	粮食产品	14	水库淤积	—	水库淤积	—	水库淤积	—	水库淤积	—
5	涵养水源	13	粮食产品	—	粮食产品	—	粮食产品	—	粮食产品	—
6	固碳释氧	6	涵养水源	—	涵养水源	—	涵养水源	—	涵养水源	—
7	净化水质	3	固碳释氧	—	固碳释氧	—	固碳释氧	—	固碳释氧	—
8	渔业产品	—	渔业产品	—	渔业产品	—	渔业产品	—	渔业产品	—
9	有机质生产	—	有机质生产	—	有机质生产	—	有机质生产	—	有机质生产	—
10	控制侵蚀	—	控制侵蚀	—	控制侵蚀	—	控制侵蚀	—	控制侵蚀	—

　　如除去发电，锦江干流梯级电站对河流生态系统服务的正效应仍大于负效应。若除去水力发电后，锦江干流水电开发对河流生态系统的正/负效应之比为 1.29。锦江干流 5 个梯级电站的正/负效应之比在 0.56~2。其中，锦江水电站的正/负效应之比最大，为 2，其正效应主要体现在调蓄洪水方面；其余 4 宗水电站的正/负效应之比小于 1，负效应大于正效应，其负效应主要体现在维持河流生态系统生物多样性的损失。

　　用负效应除以各电站年均发电量，则锦江干流梯级 5 宗电站的单位发电量的负效应为 0.21~0.57 元/(kW·h)，平均价值为 0.27 元/(kW·h)，占平均上网电价的 47%~131%，所占比重较大，负效应不容忽视。如将环境外部成本一并纳入电价计量体系中，电站的生存空间将会受到较大的影响。

3.4　小结

　　本章从河流生态系统服务价值评估方法入手，系统分析了水电开发对河流生态系统服务的影响，评估了水电梯级开发对锦江河流生态系统服务的正、负效应，识别出主要影响因子。评估显示，锦江干流水电开发河流生态系统服务的正效应大于负效应，但正效应主要体现在发电服务方面。如除去发电功能，锦江干流梯级电站中有 4 宗电站的负效应大于正效应，负效应不容忽视。

第4章 基于RVA目标的河道生态流量

4.1 生态流量的内涵

随着经济的发展和人口的增加,对有限水资源的需求越来越大,为了解决水资源的时空分布不均问题,以及为了合理利用水能资源,人们不仅修建水库,而且在河流上修建水电工程。前述研究结果表明水电开发对锦江流域的生态环境产生了较大的影响,表现在:增加河流断流的可能;造成33个IHA指标全部发生改变;锦江干流的水文整体改变度达0.74,呈高度扰动状态;与此同时,锦江干流处于亚健康状态,水生生态系统稳定性不容乐观。随着地区经济的发展、人口增长压力的出现,人水矛盾更加突出,工农业之间、国民经济和生态环境之间用水竞争更为激烈,导致生态环境需水难以保证。可见,人类活动的影响,尤其是小水电的开发,对流域生态环境带来不少负面影响,这些影响给流域的生态环境带来多种问题,在未来小水电的开发建设与管理环节中,生态环境问题必须引起足够的重视和深入的研究。

生态流量的量化为维护河道生态环境提供技术基础,如何量化生态流量是本章需要重点解决的问题。本章首先从生态流量的含义出发,在研究前人量化生态流量方法的基础上,结合本章的研究目标提出相应的生态流量量化方法。具体地,河流生态流量是指保障河流生态系统健康及其服务功能所需的径流流量,还包括维持水体基本形态前提下的径流量。可见,生态流量的确定是河流生态系统健康的关键因素,也是加强河流生态文明建设和管理的基础。关于对生态流量计算方法的研究,在1.3.3节有详细的论述,结果显示,当前已有200余种计算生态流量的方法。其中,Tennant法、可变范围法(RVA)以及栖息地法是较为常用的方法，如 Tian 等针对 Tennant 法估算河道生态用水量存在的问题，提出了用 Tennant 公式中的径流序列中值代替均值的改进法，并以漳溪河角口水库 47 年径流序列为例，分别采用传统方法和改进方法计算了该河的生态用水量，结果表明，改进的 Tennant 法比传统方法更合理[198]。刘贵花等采用变动范围法（RVA）分析了水库运行对下游梅港站流域生态水文指标的改变度，并分析了信江下游生态流量，研究表明：梅港站生态流量值均在 RVA 阈值内，基本能够保持河流稳定流量[199]。Wilding 等研究发现水坝和水道可以显著改变河流生态系统栖息地的水力条件，并为褐鳟和虹鳟鱼开发了一个广义栖息地模型，为生态流量的分析提供了量化方式[200]。

事实上，生态流量的计算不仅仅是计算径流大小，更重要的是维持河道生态环境，尤其是为流域内指示性物种提供生存环境。Petts 指出进行河流的整体管理时，不仅需要注意生态系统的完整性，还应考虑河道流量变化特征与流域内生态环境之间关系，包含防止河道断流、洪涝流量及维持河道生态系统不被破坏的最小流量，参照基流量、最小流量、最大流量，并考虑他们的频率和持续时间[201]。因此，如何从生态响应出发，构建与生态目标相关、反映水文情势与水生生态系统的内在因果关系的生态流量，还有待进一步分析。综上所述，开展生态流量的估算研究，为生态流量的管理提供技术指标，本章将构建具有生态学意义的生态流量估算模型，不仅为锦江流域水资源合理开发和生态调度提供依据，也为实现锦江流域生态流量的科学管理和生态流量调度提供技术指标。

4.2 基于 RVA 目标的生态流量推求方法

4.2.1 生态流量的 RVA 估算方法

据不完全统计，目前生态流量的计算方法有 200 多种，大部分都是建立在自然水流范式（nature flow paradigm，NFP）[202] 的理论基础上。本节以 RVA 方法推求生态流量。RVA（range of variability approach）法是 Richter 等提出的，该方法的核心是首先根据反映天然状况（受人类影响小）的径流资料，确定自然流量的变化范围，从流量、延时、时间、频率和变化率等 5 个方面选取 33 个 IHA 指标体系的水文参数，对河流水文特征进行描述[203-204]。可见，RVA 方法是建立在分析 IHA 指标体系的基础上的。其中，33 项水文参数均与流域径流情势相关，河流生态需水受自然条件的影响，加上生态需水特征的作用，具有极大的不确定性，随着时间和空间以及目标物种的改变而发生改变。一般地，人们将 IHA 各指标发生概率为 75% 和 25% 时对应的值对应于 RVA 的上限阈值和下限阈值[38.205-206]。关于水利水电工程的运行对河道流量的影响,可以从以下两方面解析:若受人类活动影响后的流量大部分在 RVA 阈值范围内,说明流量的变化仍属于自然流量自身的变化范围内,水利水电工程的运行对流域径流的影响较小;若受人类活动影响后的流量,大部分不在 RVA 范围内,说明流量的变化超出自然流量自身的变化范围,水利水电工程的运行对流域径流的影响较大。对于径流序列的时间长度如何影响上述研究结果,Poff 认为如果数据时间序列大于 20 年,就能基本消除年际气候变化等因素对水文指标计算结果的影响。通过对比不同时间的河流水文条件,揭示水利工程建设等人类活动对河流流量的影响。

4.2.2　面向流域整体的生态流量推求

研究不同范围下的生态流量推求,有不同的方法[207-208]。面向流域整体时,由于是针对河流生态系统内的所有生物,涉及多种生命周期、多种生物习性的生物,因此在推求生态流量时宜选用较大时间尺度进行研究,以月为单位来分析面向流域整体的生态流量[209-210]。

陈竹青在确定最小生态径流及适宜生态径流时,利用了逐月频率法,将天然月径流序列的最小值,定义为最小生态径流;通过对月径流进行排频分析得到适宜生态径流,然后对年内各月份进行枯水期、平水期、洪水期的分期,根据枯水期保证率为 90%、平水期保证率为 70%、洪水期保证率为 50% 的条件,推求出对应的月径流过程,此时的月径流作为适宜生态径流[211]。李捷等对逐月频率法中的适宜生态流量的推求方法进行了更新,在逐月频率法推求适宜生态径流的过程中,不再区分丰、平、枯水期,保证率都定为 50%,用此保证率推求河流的适宜生态径流[212]。许可、顾然认为逐月频率法未考虑长期过程的丰水年、平水年及枯水年水文情势的差异,因此又在李捷等的基础上,先将长序列年份按不同保证率(30%、70%)分为丰水年、平水年及枯水年序列,再按照不同月份取不同频率的方法来推求适宜生态流量过程[213-214]。

可见,河流年内径流的丰枯变化特征在逐月频率法中进行了充分的考虑,与 Tennant 法只能适用于年内径流变化不大的河流形成一定程度的互补,但是逐月频率法也存在自身的局限性,其方法本身并无坚实的实测数据作为基础,同时由于其与 Tennant 法在计算方法上的差异,也无法直接套用 Tennant 法的相关结论,因此逐月频率法本身在生态流量推求上并无理论与观测数据支撑。

RVA 法是 Richter 等在美国 292 个水文站点水文数据的基础上,同时结合大量的野外观测的一手生物数据提出的一种水文变化范围法。为定量评估 IHA 中各类指标的影响和改变程度,Richter 等建议以各指标 75% 和 25% 频率所对应的值作为各指标的目标上下限,称为 RVA 目标,即根据 IHA 与 RVA 的理论,水文情势改变程度落在 RVA 目标范围内是可以接受的。因此本书将 RVA 的理论引入逐月频率法，将天然径流状态下各月 25% 分位数所对应的流量过程称为控制水文情势变化目标的下限，称为基于 RVA 目标的适宜生态流量下限过程；将天然径流状态下各月 75% 分位数所对应的流量过程称为控制水文情势变化目标的上限，称为基于 RVA 目标的适宜生态流量上限过程。

4.2.3 面向典型生物的生态流量推求

根据 2005—2009 年华南师范大学赵俊、蓝昭军等对北江鱼类的调查，河流梯级开发后，适应生活于峡谷、喜湍流环境的卷口鱼、光倒刺鲃、倒刺鲃、桂华鲮、南方白甲鱼等向上游及其支流迁移；适应于流水和静水生活的鱼类，如鳤鱼、黄颡鱼类和鳜类等向库区扩散；适应于静水生活，但需在流水中繁殖的食鱼性鱼类，如海南鲌、大眼近红鲌等因库湾食物丰富，又具有流水条件，所以在大坝库湾区及北江近岸带成为优势种群，并逐渐成为当地重要的渔业资源；原本适应能力强，繁殖率高，食性杂的鱼类，如鲤、鲫、鳊、三角鲂、黄尾鲷等，种群数量大大增加，成为当地主要的渔业对象；而适应于急流底栖的鱼类，如平鳍鳅科鱼类、鲱科鱼类，因丧失生存所需的环境，资源不断枯竭。为保护北江流域鱼类的多样性，本书以锦江干流为典型，选取典型生物的生态水文特征进行分析，并采取环境流组的方式，在较小时间尺度内对生态流量进行研究。

4.2.3.1 环境流组及分类

基于生态学家的认识，在水文气候领域一般认为河流水文可以分为 5 个与生态相关的重复水文模式集，即环境流组（environmental flow component，EFC），包括低流量、极低流量、高流量脉冲、小洪水和大洪水，如图 4.1 所示。

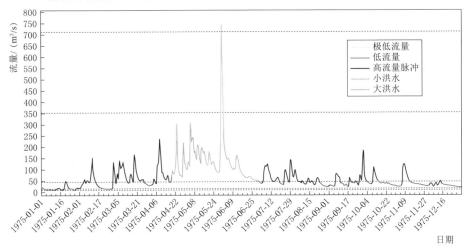

图 4.1 仁化站 1975 年环境流组分析示意

这五类水流事件具有重要的生态学意义，在低流量时期不仅保持足够的流量是至关重要的，高流量和洪水以及极端低流量条件也起着重要的生态功能。为了维持河流生态系统的完整性，必须维持这五类水流事件所代表的全过程水流条件。

对于如何界定 EFC，Richter 等给出了一整套分类方案：首先是选择一个流量阈值以区分高流量和低流量，接着进一步根据相关阈值划分为低流量、极低流量、高流量脉冲、小洪水和大洪水。表 4.1 为仁化站 1975 年环境流组数据。

表 4.1　　　　　　　　　　　仁化站 1975 年环境流组数据表

事件类型	高流量脉冲	低流量	高流量脉冲	低流量	高流量脉冲	低流量	大洪水
起始时间	3 月 4 日	4 月 2 日	4 月 8 日	4 月 10 日	4 月 11 日	4 月 23 日	4 月 24 日
结束时间	4 月 1 日	4 月 7 日	4 月 9 日	4 月 10 日	4 月 22 日	4 月 23 日	7 月 8 日
持续时间/d	28	5	2	1	11	1	95
极小值/(m^3/s)	73.2	33	41.8	38.9	46.8	46.8	49.8
极小值出现时间	3 月 20 日	4 月 4 日	4 月 9 日	4 月 10 日	4 月 21 日	4 月 23 日	7 月 8 日
极大值/(m^3/s)	167	37.9	65.6	38.9	238	46.8	759
极大值出现时间	3 月 22 日	4 月 7 日	4 月 8 日	4 月 10 日	4 月 22 日	4 月 10 日	6 月 6 日
上升率/[(m^3/s)/d]	1.8	1.6	0	0	58.5	0	15.3
下降率/[(m^3/s)/d]	12.6	2.5	11.9	0	21.2	0	22.2

计算方法中主要包含的阈值参数如下：

（1）高流量阈值：所有大于此阈值的流量都归为高流量。该参数可以指定为所有每日流量的百分数或流量值。一般将高流量阈值定为日流量序列 75% 分位数所对应的流量值。

（2）低流量阈值：所有小于或等于此阈值的流量都归为低流量事件，此参数必须小于高流量阈值，该参数可以指定为所有每日流量的百分数或流量值。一般将低流量阈值定为日流量序列 50% 分位数所对应的流量值。

（3）高流量启动率阈值：当流量介于高流量阈值和低流量阈值之间时，此参数控制高流量事件的开始，它还控制事件的上升分日是否从下降分日重新开始。一般将高流量启动率阈值定为 25%。

（4）高流量结束率阈值：当流量介于高流量阈值和低流量阈值之间时，此参数用于终止高流量事件，它还控制事件的上升和下降分日之间的过渡。一般将高流量结束率阈值定为 10%。

（5）小洪水最小峰值流量：峰值流量大于或等于此值（并且如果有 3 个流量类别，则小于大洪水的峰值流量值）的所有高流量事件将分配给小洪水类别。峰值流量小于此值的所有事件将分配给高流量脉冲类别。

（6）大洪水最小峰值流量：峰值流量大于或等于此值的所有高流量事件将分配给大洪水类别。峰值流量小于此值的所有事件将被分配为高流量脉冲类别或小洪水类别。

（7）极低流量阈值：流量值小于或等于该值的所有低流量将被分类为极低流量。一般将极低流量的阈值定为日流量序列 10% 分位数所对应的流量值。

4.2.3.2 生态流量推求

将流量过程划分为低流量、极低流量、高流量脉冲、小洪水和大洪水之后，需要对划分好的 EFC 按水文情势流量大小、出现频率、持续时间、出现时机和变化率五要素进行年内及年际统计，进而得到每种 EFC 的水文情势特征统计值。进行统计分析时可以选择参数统计（平均值/标准偏差）和非参数统计（中位数/百分位数）。参数统计的一个关键假设是数据序列符合正态分布，但是由于许多水文数据集的非正态属性，因此本书选用非参数统计方法。

区别于前述生态流量的计算方法可以直接得到生态流量过程，本方法在以上分析结束之后得到的是各 EFC 要素的各种参数特征，需要根据这些参数的统计特征值进一步推导获得生态流量过程。基于非参数统计推求生态流量过程可选择 Monte Carlo 法随机生成生态流量过程，也可选择根据允许范围内的固定值生成。由于 EFC 的参数过多，选用 Monte Carlo 法的不确定性很大，因此本书选用基于非参数统计的固定值法。

4.3 锦江生态流量过程推求实例

4.3.1 面向流域整体的生态流量

本书基于 RVA 目标的生态流量计算方法推求锦江干流仁化站的生态流量过程，同时选取水文法与水力学法（湿周法）进行对比分析。

4.3.1.1 基于 RVA 目标的适宜生态流量计算方法

根据 RVA 法，计算出仁化站基于 RVA 目标的适宜生态流量上限和下限，同时计算出建站前后逐月的中位数流量值进行对比，详见表 4.2 与图 4.2。选用 Tennant 法作为水文学法中的代表，然后将不同计算方法下的生态流量计算结果进行对比分析。由图 4.2 及图 4.3 可以看出，采用基于 RVA 目标的适宜生态流量计算结果比用 Tennant 法及湿周法更能反映河流的天然径流过程及水文变化特征，其设定标准也更符合河流天然状态下水文情势的变化特征，也可以反映出河流本身的丰枯变化特征，有利于维持河流生态系统的完整性及水生生物的多样性。

表 4.2　　　　　　　化站基于 RVA 目标的适宜生态流量计算结果　　　　单位：m^3/s

月份	建站前中位数流量	建站后中位数流量	适宜下限（75%分位数）	适宜上限（25%分位数）
1	16.2	22.7	13.92	18.29
2	16.65	25.05	15.41	19.11
3	25.6	41.15	19.22	28.87
4	43.25	40.65	33.07	56.25
5	70.7	55.15	47.77	76.93
6	58.85	62.78	47.78	76.45
7	36.1	56.85	30.69	51.5
8	34.7	46.35	31.32	40.86
9	27.5	27.48	22.66	32.95
10	21.7	44.05	18.56	24.92
11	18.6	24.9	16.88	22.67
12	14.8	22.35	13.33	17.69

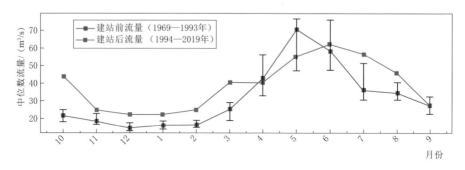

图 4.2　仁化站基于 RVA 目标的适宜生态流量计算结果及
建站前后逐月流量中位数（1969—2019 年）

4.3.1.2　水文学法

利用水文学法，仁化站的生态流量计算结果见表 4.3。表 4.3 说明，依据水文学法中的 Tennant 法，得到的最大和最小生态流量，分别为 $85.28m^3/s$ 和 $4.264m^3/s$；利用月保证率法，得到的最大和最小生态流量分别为 $33.02m^3/s$ 和 $4.31m^3/s$；按照 7Q10 法计算的值最小，仅为 $2.36m^3/s$。

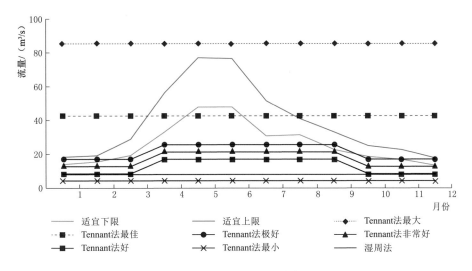

图 4.3 不同方法下生态流量计算结果对比

表 4.3 仁化站水文学法生态流量计算结果 单位：m³/s

计算方法		生态流量	
		一般用水期（10 月至次年 3 月）	鱼类产卵育幼期（4—9 月）
Tennant 法	最大	85.28	85.28
	最佳	42.64	42.64
	极好	17.056	25.584
	非常好	12.792	21.32
	好	8.528	17.056
	最小	4.264	4.264
月保证率法	极好	33.02	
	非常好	24.14	
	好	17.24	
	中	12.93	
	最小	4.31	
最小月平均实测径流量法		13.01	
7Q10 法		2.36	

4.3.1.3 水力学法（湿周法）

由于仁化水文站曾经两次变动站址，现在的仁化（三）水文站是 1980 年确定下来的，仁化（三）水文站 1980—2013 年实测大断面资料表明，水文站断面基本保持稳定。河道生态流量的计算，主要针对流量较难满足河流生态需求的枯水年份。根据历史水文资料显示，1984 年属枯水年，因此选取 1984 年的断面及水文数据进行分析，仁化站大断面见图 4.4，水位-流量关系见图 4.5，相对湿周-水位关系见图 4.6。仁化站湿周-水位曲线采用四次多项式拟合效果最好，结合仁化站水位-流量关系，计算出仁化站生态流量为 7.99m³/s，占多年平均流量的 18.7%。

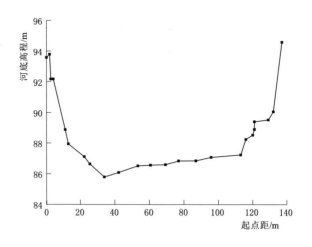

图 4.4　仁化站大断面

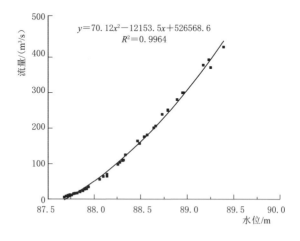

图 4.5　仁化站水位-流量关系曲线

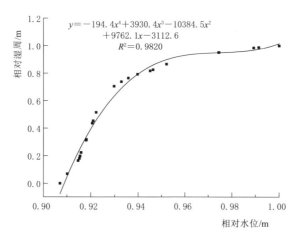

$$y = -194.4x^4 + 3930.4x^3 - 10384.5x^2 + 9762.1x - 3112.6$$
$$R^2 = 0.9820$$

图 4.6　仁化站相对湿周-水位关系曲线

4.3.2　面向典型生物的生态流量

在锦江流域范围内，已建成锦江鱼类生物多样性县级自然保护区、丹霞闭壳龟县级自然保护区、红山水生野生动物县级自然保护区等保护水生动物的保护区。此外，锦江支流黎屋水流经仁化高坪省级自然保护区、锦江下游流经丹霞山国家级自然保护区。丹霞闭壳龟县级自然保护区位于锦江中下游河段，长度约 30km，面积为 500hm²，主要保护丹霞水域闭壳龟类生物及其栖息环境，该保护区内有 4宗河床式电站。闭壳龟一般栖息于山区溪河，喜安静、水质清洁的地方，常在溪边灌木丛中挖洞造窝；5—9 月产卵，其中 6—7 月达到高潮，在沙质松软地方挖窝产卵。保护区内的 4 宗河床式电站坝高为 3.5～7.56m，库区淹没一定的流水河段，水深变大，可能淹没两岸原有的沙滩地，挤占闭壳龟的产卵地。

典型生物的动态变化可有效地反映水生生物对流量变化的整体信息，因此本节以丹霞闭壳龟县级自然保护区内的闭壳龟为研究对象，选产自然繁殖的高潮期（6 月 1 日—7 月 31 日）为研究时间，结合 EFC 水文情势的统计数据，计算闭壳龟产卵期生态流量。仁化站 6—7 月环境流组统计结果见表 4.4，参考RVA 理论，选用 75% 分位数作为目标上限，25% 分位数作为目标下限，50% 分位数作为主要参考，推求仁化站生态流量过程，结果见图 4.7 与表 4.5。

表 4.4　　　　　　　　闭壳龟产卵期环境流组统计表

环境流组	参 数 名 称	25%	50%	75%
高流量脉冲	持续时间/d	2	5	34
高流量脉冲	出现频率/(次/年)	1	3	4

续表

环境流组	参 数 名 称	25%	50%	75%
高流量脉冲	出现时间/(d/年)	168	177	188
高流量脉冲	极大值/(m³/s)	78	124	245
高流量脉冲	极小值/(m³/s)	51	52	56
高流量脉冲	间隔时间/d	11	18	27
高流量脉冲	连续上升时间/d	1	2	8
高流量脉冲	连续下降时间/d	2	5	10
高流量脉冲	上升率/[(m³/s)/d]	13	22	33
高流量脉冲	下降率/[(m³/s)/d]	12	16	23
低流量	持续时间/d	3	5	13
低流量	出现频率/(次/年)	1	3	4
低流量	出现时间/(d/年)	166	180	192
低流量	极大值/(m³/s)	29	36	41
低流量	极小值/(m³/s)	23	30	38
低流量	上升率/[(m³/s)/d]	1	1	2
低流量	下降率/[(m³/s)/d]	1	1	2

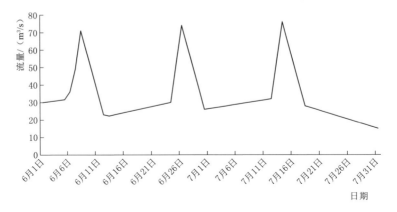

图 4.7　闭壳龟产卵期生态流量过程

表 4.5　　　　　　　基于环境流组的生态流量推求

日期	6月1日	6月2日	6月3日	6月4日	6月5日	6月6日	6月7日	6月8日	6月9日	6月10日
流量/(m³/s)	30	30.4	30.8	31.2	31.6	36	49	71	59	47
日期	6月11日	6月12日	6月13日	6月14日	6月15日	6月16日	6月17日	6月18日	6月19日	6月20日
流量/(m³/s)	35	23	22.3	23	23.7	24.4	25.1	25.8	26.5	27.2

日期	6月21日	6月22日	6月23日	6月24日	6月25日	6月26日	6月27日	6月28日	6月29日	6月30日
流量/(m³/s)	27.9	28.6	29.3	30	52	74	62	50	38	26
日期	7月1日	7月2日	7月3日	7月4日	7月5日	7月6日	7月7日	7月8日	7月9日	7月10日
流量/(m³/s)	26.5	27	27.5	28	28.5	29	29.5	30	30.5	31
日期	7月11日	7月12日	7月13日	7月14日	7月15日	7月16日	7月17日	7月18日	7月19日	7月20日
流量/(m³/s)	31.5	32	54	76	64	52	40	28	27	26
日期	7月21日	7月22日	7月23日	7月24日	7月25日	7月26日	7月27日	7月28日	7月29日	7月30日
流量/(m³/s)	25	24	23	22	21	20	19	18	17	16
日期	7月31日									
流量（m³/s）	15									

由图 4.7 和表 4.5 可以看出，在 6—7 月期间，发生三次高流量脉冲最好，且下降历时较上升历时久，高流量脉冲时间出现的时间间隔在 15 天左右。

4.4 生态流量风险分析

4.4.1 风险率模型

风险率模型可通过随机点过程理论求超过一定门限值的风险率，是由成丛或簇生特点的随机点，用复合泊松过程建立的超门限值随机点过程统计模型。其最显著特点是可以将门限值的阈值取得很小，并允许样本之间存在相关性[215]，在本书中阈值对应着生态流量的量化结果。样本采集的过程中，只要超过门限值（即量化的生态流量值）的流量就入选，这样不仅可有效地利用现有信息，而且较客观地再现了实际径流量的分布特征。

实际上，复合泊松过程可以认为是泊松过程的推广，在 Δt 时段内允许有一个以上事件发生。基本假定可以概括为：

（1）设 N_t 表示在（t_0，$t_0 + t$）时段内的超门限值丛数，它服从参数为 λ 的泊松过程

$$P\{N_t = k\} = \frac{(\lambda t)^k}{k!} e^{-\lambda t} \tag{4.1}$$

（2）设 n_k 表示第 k 丛中的超门限值个数，则 n_k 是独立同分布的随机变量，

且 $P\{n_k = l\} = q(l)$，它服从参数为 Λ 的泊松分布

$$P\{n_k = l\} = \frac{\Lambda^l}{l!} e^{-\Lambda} \tag{4.2}$$

根据概率母函数的定义可知，丛中心与丛大小的概率母函数可以分别表示为

$$G(z) = \exp[\lambda t(z-1)] \tag{4.3}$$

$$H(z) = \exp[\Lambda(z-1)] \tag{4.4}$$

设成丛过程的概率母函数为 $F(z)$，根据复合随机点过程的性质有

$$F(z) = G[H(z)] \tag{4.5}$$

则可得超门限值计数点过程的概率母函数

$$F(z) = \exp\{\lambda t[e^{\Lambda(z-1)} - 1]\} \tag{4.6}$$

令

$$E(z) = \exp[\lambda t e^{\Lambda(z-1)}] \tag{4.7}$$

$$f_l(z) = \exp(l\Lambda z) \tag{4.8}$$

对式 (4.7)、式 (4.8) 作泰勒展开后代入式 (4.6)，可得

$$F(z) = e^{-\lambda t}\left[1 + \lambda t e^{-\Lambda}\sum_{k=0}^{\infty}\frac{(\Lambda z)^k}{k!} + \frac{(\lambda t e^{-\Lambda})^2}{2!}\sum_{k=0}^{\infty}\frac{(2\Lambda z)^k}{k!} + \cdots\right] \tag{4.9}$$

根据概率母函数的定义，$F(z)$ 又可表示为

$$F(z) = \sum_{i=0}^{\infty} p_i z^i \tag{4.10}$$

得

$$p_i = e^{-\lambda t}\frac{\Lambda^i}{i!}\sum\frac{(\lambda t e^{-\Lambda})^l}{l!}l^i \tag{4.11}$$

记 $\tilde{N}(t_0, t_0 + t)$ 为时段 $(t_0, t_0 + t]$ 内出现 i 个超门限值点事件的次数，则相应概率为

$$p_i = p\{\tilde{N}(t_0, t_0 + t) = i\} \tag{4.12}$$

未来任意时段 $(0, t]$ 内遭遇超门限值的风险率 $R(t)$ 为

$$R(t) = p\{\tilde{N} \geqslant 1\} = \sum_{i=1}^{\infty} p_i = 1 - \exp[\lambda t(e^{-\Lambda} - 1)] \tag{4.13}$$

借助概率母函数，求模型的一、二阶矩，即对式 (4.6) 求 z 的一、二阶导数

$$F'(z) = \lambda t \Lambda \exp\{\lambda t[e^{\Lambda(z-1)} - 1] + \Lambda(z-1)\} \tag{4.14}$$

$$F''(z) = \lambda t \Lambda \exp\{\lambda t[e^{\Lambda(z-1)} - 1] + \Lambda(z-1)\} \cdot [\lambda t \Lambda e^{\Lambda(z-1)} + \Lambda] \tag{4.15}$$

则可求得相应的均值 EX 与方差 DX 分别为

$$EX = \lambda t \Lambda \tag{4.16}$$

$$DX = \lambda t \Lambda (1 + \Lambda) \tag{4.17}$$

为便于计算，由前面的 p_i 计算式导出相应的递推公式。令

$$u = \lambda t e^{-\Lambda} \tag{4.18}$$

$$x^{(j)} = x(x-1)(x-2) \cdots (x-j+1) \text{ 且 } x^{(0)} = 1 \tag{4.19}$$

对式（4.11）逐项展开并简化可得如下递推算式

$$p_0 = \exp[-\lambda t (1 - e^{-\Lambda})] \tag{4.20}$$

$$p_{i+1} = \frac{1}{(i+1)!} \Lambda u \sum_{j=0}^{i} i^{(j)} \Lambda^{i-j} p_j \tag{4.21}$$

记洪峰流量的超标丛数为 N，各丛中包含的超门限值个数为 n_i，则均值和方差分别为

$$\bar{n} = \frac{1}{N} \sum_{i=1}^{N} n_i \tag{4.22}$$

$$s_n^2 = \frac{1}{N-1} \sum_{i=1}^{N} (n_i - \bar{n})^2 \tag{4.23}$$

由式（4.16）、式（4.17）可求得参数

$$\hat{\Lambda} = s_n^2 / \bar{n} - 1 \tag{4.24}$$

$$\hat{\lambda} = \bar{n} / \hat{\Lambda} \tag{4.25}$$

4.4.2 低于生态流量的风险率分析

流域历年的流量不断变化，基流总是存在低于某一门限值的风险性，这种风险实际上是对风险率的不确定性的一种客观描述。试图基于随机点过程理论，以获取的生态流量为门限值，构造低于该门限值的成丛随机点过程复合模型，进一步分析低于该门限值的风险，为低于生态流量的风险识别提供基础，随机点过程理论的主要特征是从点的概念去分析和研究随机过程的统计特性[216]。

根据计算所得各月生态流量的上限和下限值，计算多年月平均生态流量的上限和下限值分别为 $39.12\text{m}^3/\text{s}$ 和 $32.05\text{m}^3/\text{s}$。结合风险率计算模型求得不同年限的低于生态流量的上限和下限值的风险率，见表 4.6。

表 4.6　　　　　　　　　　低于生态流量的风险率计算结果

	年限 t	1	2	3	4	5	6	7	8
$R(t)$	生态流量下限/(m^3/s)	88.5	59.4	27.7	9.1	1.4	0.4	0.3	0.0
	生态流量上限/(m^3/s)	96.2	85.2	68.7	51.2	32.6	44.7	33.7	22.9

表 4.6 表明，低于生态流量上限和下限的年风险率分别为 96.2% 和 88.5%；3 年低于生态流量上限和下限的年风险率分别为 68.7% 和 27.7%；随着年份的

增加，低于生态流量下限的风险减少得比低于生态流量上限的风险快；8 年低于生态流量下限的风险为 0，即从概率角度 8 的时间跨度内锦江流域的流量平均值大于生态流量的下限；然而 8 年低于生态流量上限的风险为 22.9%，该风险率仍旧不小。可见，锦江流域在保障生态流量方面仍需重视相关的生态流量管理工作。

4.5 小结

本章提出面向流域整体基于 RVA 目标和面向典型生物基于环境流组的生态流量过程推求方法。并将构建的生态流量推求方法计算出的生态流量，与常用的 Tennant 法及湿周法的计算结果进行对比，结果显示提出的生态流量计算方法所得的结果更能反映河流的天然径流过程及水文变化特征，其设定标准也更符合河流天然状态下水文情势的变化特征。

生态流量是河流生态系统健康的关键因素，因此河流生态流量的量化是生态流量管理的基础。本章在 RVA 理论的指导下，建立了基于环境流组的生态流量过程推求方法，即将 RVA 的理论引入逐月频率法，建立了基于环境流组的生态流量过程推求方法，推求得面向整个流域的基于 RVA 目标的适宜生态流量过程，同时量化了低于锦江流域生态流量的风险。研究结果表明：

（1）将基于 RVA 目标的适宜生态流量计算结果，对比传统的水文学法、水力学法的生态流量计算结果，表明基于 RVA 目标的适宜生态流量计算结果更能反映河流的天然径流过程及水文变化特征，也可以反映出河流本身的丰枯变化特征，有利于维持河流生态系统的完整性及水生生物的多样性，其设定标准也更符合河流天然状态下水文情势的变化特征。

（2）基于环境流组建立的面向典型生物的生态流量推求过程，改进了生态流量的推求方法，反映了水文情势与水生生态系统之间的内在关联，其设定标准也更符合河流天然状态下水文情势的变化特征，基本形成一整套完整的适合小水电开发模式下的适宜生态流量计算理论与计算方法。

（3）生态流量的保障不仅要防止河道水体断流，还要维持河道内生态环境所需的最小流量。其中，对于最小生态流量，其最基本的功能是要维持河流水体的基本形态，保证其成为一个连续体[217]。然而，由于气候条件的变化，加上人类活动的影响，过量使用水资源，导致流域下游引发严重的生态问题，甚至出现断流现象[218]。因此，本章引入风险率计算模型，量化结果显示仅靠自然环境维持河流生态流量难以保障河流的生态流量。

第 5 章 生态流量调度管理

5.1 生态流量调度

水资源管理中的"调控"指的是通过一系列的管理手段和技术措施来实现水资源有效配置的过程。基于生态需水的调控是指在水资源量有限的大背景下，协调经济社会与水资源、生态环境的关系，按照不同用水优先级通过对水利工程的调度来实现经济社会效益和生态效益最大化的过程。构建小水电开发下河流的生态调控体系，主要是识别小水电开发下河流的生态水文响应、确定生态调度的目标、设计生态调度方案、生态调度方案的比选与可行性分析和生态调度效果的监测与反馈。关于生态流量的调度，国内外学者已做了大量的研究。如：Harman 等从河道需要最小生态流量角度，提出了相应的优化调度理论[219]。Richter 和 Thomas 通过提供高流量脉冲，改善下游鱼类的栖息和产卵条件，并将研究结果实施于萨瓦纳河瑟蒙德大坝的生态调度中[220]。Gates 等对美国爱达荷州 Snake 河流的大坝进行调度时，通过适量增加了季节性枯水流量，达到改善下游生物群落栖息地环境的目的[221]。我国自 20 世纪 70 年代黄河干流出现断流现象，关于生态流量调度的研究进入发展阶段，如：赵越等针对四大家鱼产卵问题，通过生态流组法分析其产卵期的生态水文事件组成，推求满足其产卵需求的流量过程，研究结果表明实施生态调度能够减轻三峡运行对其产卵造成的不利影响[222]。徐薇等采用鱼类早期资源调查方法研究了三峡水库生态调度实施以来四大家鱼自然繁殖情况，研究结果表明生态调度期间四大家鱼的产卵量占监测期间四大家鱼总产卵量的比例较大，证实了实施生态调度的有效性[223]。

目前，国内外生态调度的模型对生态流量的考虑和处理主要可以分为三种类型：把生态流量作为约束条件；把生态流量作为调度模型的目标函数之一；把生态流量的效果转化成经济效益，在构建价值目标函数时统一考虑。三种类型的处理方式，分别对应条件约束型生态调度模型、目标型生态调度模型和价值型生态调度模型。三种模型各具特色，其中，约束型生态调度模型属于单目标优化调度，求解应用比较简便；目标型生态调度模型属于多目标优化调度的问题，需要将不同方案综合考虑；价值型生态调度模型在确定不同功能的价值方面主观性较大，限制了应用。因此，本章将采用约束型生态调度模型与目标型生态调度模型相结合的思路，将小水电下游河道的适宜生态流量需求加入到小水电的日常调度运用中，结合推求的面向流域整体的生态流量和面向典型生物的生态流量，即构建小水电开发下面向流域多层次多目标的生态流量调度模式，在此基础上提出小水电开发下面向流域多层次多目标的生态流量调度模式。

5.2 生态调度模型

5.2.1 约束型生态调度模型

约束型生态调度模型是将河流对生态流量的需求作为调度模型的约束条件，并加以求解，模型的结构为

目标函数

$$\text{Max(或 Min)} = \{F_1(X), F_2(X), \cdots, F_n(X)\} \tag{5.1}$$

约束条件

$$a_{\min} \leqslant C(X) \leqslant a_{\max} \tag{5.2}$$

$$EcoQ_{\min} \leqslant X \leqslant EcoQ_{\max} \tag{5.3}$$

式中：X 为小水电泄放流量；$F_n(X)$ 为第 n 个目标，对应水电站的不同功能；$C(X)$ 为调度模型的约束条件；$a_{\min}$ 为约束条件的下限；$a_{\max}$ 为约束条件的上限；$EcoQ_{\min}$ 和 $EcoQ_{\max}$ 分别为生态流量的阈值，即下限值和上限值。

5.2.2 目标型生态调度模型

将生态流量作为水量调度方案需要的目标之一的模型即为目标型生态调度模型，模型对应的结构为

目标函数

$$\text{Max(或 Min)} = \{F_1(X), F_2(X), \cdots, F_n(X), E(X)\} \tag{5.4}$$

约束条件

$$a_{\min} \leqslant C(X) \leqslant a_{\max} \tag{5.5}$$

5.2.3 价值型生态调度模型

价值型生态调度模型是将生态流量的服务价值转化成经济效益进行分析，

以生态调度下各类目标的综合效益最大为系统的目标函数，模型的结构为

目标函数

$$\text{Max}\{Eco(X)\} \qquad (5.6)$$

约束条件

$$a_{\min} \leqslant C(X) \leqslant a_{\max} \qquad (5.7)$$

式中：$Eco(X)$ 为小水电各种功能对应的经济函数。

分别选用约束型与目标型生态调度模型，将小水电下游河道的生态流量需求加入到小水电的日常调度运用中，力求维护河流生态系统的健康与稳定。

5.2.4 生态适宜度评价指标

小水电调度的效果需要生态意义上的评价指标来判断其优劣，由于目前国内大多数河流缺少生物资料，结合 RVA 的思路，根据相关研究，采用生态缺水量及其百分比、生态溢水量及其百分比、径流生态离差系数等五个指标[213] 来评价生态调度方案的合理性。

生态缺水量及其百分比计算公式如下

$$V_{\text{elack}} = \sum_{i}^{n} \mathrm{d}Q_{\text{elow},i} \cdot \Delta t \qquad (5.8)$$

$$p_{\text{elack}} = \frac{\sum_{i}^{n} \mathrm{d}Q_{\text{elow},i} \cdot \Delta t}{\sum_{i}^{n} Q_{\text{elow},i} \cdot \Delta t} \times 100\% \qquad (5.9)$$

式中：V_{elack} 为生态缺水量；p_{elack} 为生态缺水量百分比；$\mathrm{d}Q_{\text{elow},i}$ 为生态流量的下限与电站实际泄放量的差值，差值为负时取 0；$Q_{\text{elow},i}$ 为生态流量的下限；Δt 为时长。

生态溢水量及其百分比计算公式如下

$$V_{\text{eover}} = \sum_{i}^{n} \mathrm{d}Q_{\text{ehigh},i} \cdot \Delta t \qquad (5.10)$$

$$p_{\text{eover}} = \frac{\sum_{i}^{n} \mathrm{d}Q_{\text{ehigh},i} \cdot \Delta t}{\sum_{i}^{n} Q_{\text{ehigh},i} \cdot \Delta t} \times 100\% \qquad (5.11)$$

式中：V_{eover} 为生态溢水量；p_{eover} 为生态溢水量百分比；$\mathrm{d}Q_{\text{ehigh},i}$ 为电站实际泄放量与生态流量上限的差值，差值为负时取 0；$Q_{\text{ehigh},i}$ 为生态流量的上限；Δt 为时长。

径流生态离差系数的计算公式如下

$$\partial = 1 - \left[w_1 \frac{1}{n} \sum_{i=1}^{n} \frac{\mathrm{d}Q_{\mathrm{ehigh},i}}{\mathrm{Max}(\mathrm{d}Q_{\mathrm{ehigh},i})} + w_2 \frac{1}{n} \sum_{i=1}^{n} \frac{\mathrm{d}Q_{\mathrm{elow},i}}{\mathrm{Max}(\mathrm{d}Q_{\mathrm{elow},i})} \right] \qquad (5.12)$$

式中：∂ 为径流生态离差系数；w_1 与 w_2 为权重值；其余符号意义同前。∂ 的范围为 0~1，∂ 为 0 时表示最劣，∂ 为 1 时表示最优。

5.3 锦江水电站生态调度应用实例

5.3.1 面向流域整体的调度管理

对锦江水库 1969—2018 年逐月径流资料进行频率分析，以丰（30%）、平（50%）、枯（70%）3 种频率来水过程进行计算，采用 DDDP 算法对上述模型进行求解，并与未考虑生态流量约束的情况进行对比，3 种情况下的水库出入库流量过程如图 5.1～图 5.3 所示，考虑了生态流量约束的调度方式具体计算结果见表 5.1～表 5.3。

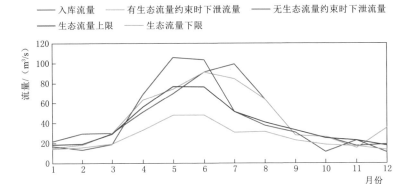

图 5.1 丰水年月尺度调度结果

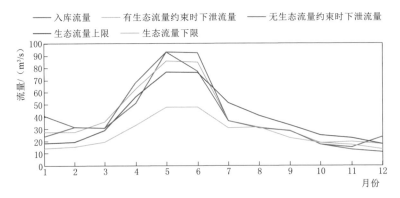

图 5.2 平水年月尺度调度结果

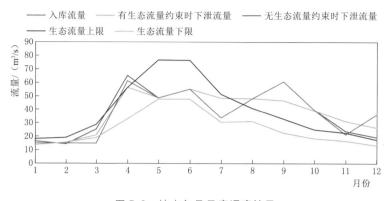

图 5.3 枯水年月尺度调度结果

表 5.1　　　　　　　　　　　丰水年月尺度调度结果

月份	初水位/m	末水位/m	入库流量 /(m³/s)	下泄流量 /(m³/s)	时段出力 /万 kW	时段发电量 /(亿 kW·h)
1	135	135.9	21.57	18.49	0.63	0.05
2	135.9	138.33	29.55	19.26	0.69	0.05
3	138.33	138.46	29.62	29.07	1.06	0.08
4	138.46	137.11	50.94	56.44	2.01	0.14
5	137.11	135	69.52	77.13	2.5	0.19
6	135	135	91.3	91.3	2.5	0.18
7	135	138.8	99.23	84.85	2.5	0.19
8	138.8	138.8	64.2	64.2	2.34	0.17
9	138.8	137.14	27.77	34.65	1.25	0.09
10	137.14	137.08	26.44	26.67	0.95	0.07
11	137.08	135.17	17.22	24.36	0.84	0.06
12	135.17	135	18.85	19.43	0.66	0.05

表 5.2　　　　　　　　　　　平水年月尺度调度结果

月份	初水位/m	末水位/m	入库流量 /(m³/s)	下泄流量 /(m³/s)	时段出力 /万 kW	时段发电量 /(亿 kW·h)
1	135	138.49	40.49	27.44	0.96	0.07
2	138.49	139.36	31.47	27.36	1.01	0.07
3	139.36	138.16	30.80	35.92	1.32	0.1
4	138.16	135	51.03	63.07	2.18	0.16
5	135	137.02	93.14	85.87	2.5	0.19

月份	初水位/m	末水位/m	入库流量 /(m³/s)	下泄流量 /(m³/s)	时段出力 /万 kW	时段发电量 /(亿 kW·h)
6	137.02	138.8	92.43	85.09	2.5	0.18
7	138.8	138.8	36.64	36.64	1.35	0.1
8	138.8	138.68	30.80	31.31	1.15	0.09
9	138.68	138.8	28.60	28.07	1.03	0.07
10	138.8	138.46	17.12	18.57	0.69	0.05
11	138.46	136.82	13.08	19.71	0.71	0.05
12	136.82	135	11.16	17.67	0.61	0.05

表 5.3　　　　　　　　　　　　枯水年月尺度调度结果

月份	初水位/m	末水位/m	入库流量 /(m³/s)	下泄流量 /(m³/s)	时段出力 /万 kW	时段发电量 /(亿 kW·h)
1	135	135.72	16.38	13.92	0.48	0.04
2	135.72	135.42	14.3	15.44	0.53	0.04
3	135.42	136.62	25.18	20.86	0.72	0.05
4	136.62	138.8	65.15	56.25	2	0.14
5	138.8	138.8	48.8	48.8	1.79	0.13
6	138.8	138.8	55.17	55.17	2.02	0.15
7	138.8	135	33.88	48.26	1.69	0.13
8	135	135	47.96	47.96	1.6	0.12
9	135	138.65	60.89	46.7	1.63	0.12
10	138.65	138.8	39.74	39.1	1.43	0.11
11	138.8	137.01	23.98	31.36	1.13	0.08
12	137.01	135	19.41	26.64	0.92	0.07

由图 5.1～图 5.3 及表 5.1～表 5.3 可知，丰、平、枯来水情况下水库生态流量约束均会遭到不同程度破坏，其中丰水年不满足生态流量约束的时段最多，主要是由于丰水年来水量偏大，水库拦蓄能力有限，造成下泄流量超过适宜生态流量上限；而平水年和枯水年生态流量约束遭到破坏的程度较小，通过水库的调蓄作用，可以有效地将水库下泄流量约束在适宜生态上下限之间，或使得水库下泄流量尽量接近适宜生态流量范围，满足水库下游生态需水。

进一步对比考虑生态流量约束条件与不考虑生态流量约束条件时锦江水电站发电情况，见表 5.4。

表 5.4	生态流量约束对水库发电量的影响		单位：亿 kW·h
来水频率	考虑生态流量约束	不考虑生态流量约束	差值
丰水年	1.314	1.335	0.021
平水年	1.169	1.176	0.007
枯水年	1.166	1.196	0.030
平均	1.216	1.235	0.019

由表 5.4 可知，考虑生态流量约束的调度方式会使水电站发电量有小幅度的下降，对水库发电效益产生影响，这主要是由于生态流量约束限制水库下泄流量的大小，造成水电站发电流量受到限制。

5.3.2 面向典型生物的调度管理

面向典型生物的约束型生态流量调度，采用基于环境流组推求得到的生态流量作为水库调度模型的生态流量约束条件，其余的目标函数和约束条件与上述中长期模型一致。以 2011 年 6—7 月逐日实测入库流量作为调度模型输入数据，水库出入库过程如图 5.4 所示；利用 DDDP 算法求解水库调度模型，并与未考虑生态流量约束的调度结果进行对比，分析逐日调度过程中生态流量约束对调度结果的影响，结果见表 5.5。

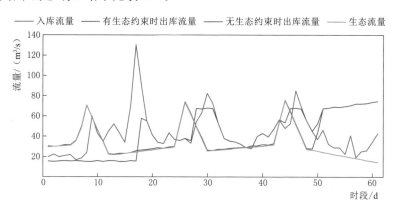

图 5.4 锦江水库典型年 6—7 月逐日调度出入库过程

表 5.5		锦江水典型年 6—7 月逐日调度结果			
日期	初水位/m	末水位/m	入库流量/(m³/s)	下泄流量/(m³/s)	时段出力/万 kW
6 月 1 日	135	134.9	20.2	30.81	1.03
6 月 2 日	134.9	134.83	23	30.43	1.01
6 月 3 日	134.83	134.73	20.3	30.91	1.03
6 月 4 日	134.73	134.63	21.6	32.21	1.07

续表

日期	初水位/m	末水位/m	入库流量/(m³/s)	下泄流量/(m³/s)	时段出力/万 kW
6 月 5 日	134.63	134.54	22.4	31.95	1.06
6 月 6 日	134.54	134.36	17.4	36.49	1.2
6 月 7 日	134.36	134.07	19.2	49.96	1.63
6 月 8 日	134.07	133.59	24.3	71.35	2.29
6 月 9 日	133.59	133.6	60.2	59.23	1.89
6 月 10 日	133.6	133.56	43.6	47.47	1.52
6 月 11 日	133.56	133.56	35.6	35.6	1.14
6 月 12 日	133.56	133.79	45.5	23.27	0.76
6 月 13 日	133.79	134.09	52.7	22.86	0.75
6 月 14 日	134.09	134.28	43.8	23.64	0.78
6 月 15 日	134.28	134.38	34.4	23.79	0.79
6 月 16 日	134.38	134.81	70.2	24.58	0.82
6 月 17 日	134.81	135.8	131	25.98	0.88
6 月 18 日	135.8	136.37	91.4	26.92	0.93
6 月 19 日	136.37	136.61	55.5	27.44	0.96
6 月 20 日	136.61	136.73	42.1	28.07	0.98
6 月 21 日	136.73	136.78	34.8	28.95	1.01
6 月 22 日	136.78	136.82	33.3	28.62	1
6 月 23 日	136.82	136.94	43.8	29.77	1.05
6 月 24 日	136.94	137	37.5	30.48	1.07
6 月 25 日	137	136.86	36.3	52.67	1.84
6 月 26 日	136.86	136.55	38.6	74.85	2.5
6 月 27 日	136.55	136.3	33.8	63.03	2.17
6 月 28 日	136.3	136.34	54.7	50.02	1.72
6 月 29 日	136.34	136.55	63.7	39.15	1.36
6 月 30 日	136.55	137.03	83.1	26.98	0.95
7 月 1 日	137.03	137.43	73.3	26.53	0.94
7 月 2 日	137.43	137.65	53.6	27.88	1
7 月 3 日	137.65	137.74	38.5	27.98	1
7 月 4 日	137.74	137.8	35.9	28.88	1.04
7 月 5 日	137.8	137.85	35	29.15	1.05
7 月 6 日	137.85	137.88	32.9	29.39	1.06

日期	初水位/m	末水位/m	入库流量/(m³/s)	下泄流量/(m³/s)	时段出力/万 kW
7 月 7 日	138.88	138.88	29.6	29.6	1.07
7 月 8 日	137.88	137.86	28.7	31.04	1.12
7 月 9 日	137.86	137.94	40.4	31.05	1.12
7 月 10 日	137.94	138.03	43.3	32.32	1.16
7 月 11 日	138.03	138.09	40	32.07	1.16
7 月 12 日	138.09	138.2	47.8	33.26	1.2
7 月 13 日	138.2	138.22	57.1	54.46	1.96
7 月 14 日	138.22	138.01	48.6	76.36	2.5
7 月 15 日	138.01	137.91	53.2	65.04	2.32
7 月 16 日	137.91	138.17	85.6	52.61	1.89
7 月 17 日	138.17	138.39	70.1	41.02	1.49
7 月 18 日	138.39	138.6	56.3	28.54	1.04
7 月 19 日	138.6	138.73	45.5	28.32	1.04
7 月 20 日	138.73	138.68	37.5	44.11	1.61
7 月 21 日	138.68	138.52	46.9	68.05	2.47
7 月 22 日	138.52	138.25	32.8	68.49	2.47
7 月 23 日	138.25	137.94	29.5	69.56	2.49
7 月 24 日	137.94	137.6	29.6	69.35	2.46
7 月 25 日	137.6	137.2	23.4	70.17	2.47
7 月 26 日	137.2	136.95	41.5	70.73	2.47
7 月 27 日	136.95	136.5	19.9	72.52	2.5
7 月 28 日	136.5	136.1	25.8	72.57	2.48
7 月 29 日	136.1	135.67	26.4	73.1	2.47
7 月 30 日	135.67	135.3	34.9	74.15	2.48
7 月 31 日	135.3	135	43.5	75.32	2.5

从图 5.4 及表 5.5 可以看出，水库基本按照生态流量过程进行下泄，可以满足下游河道对生态流量需求，后期水库加大下泄是由于计算时设置了调度期的末水位为正常蓄水位，需要通过增大下泄流量来实现，实际调度时需根据具体情况确定调度期的初末水位。而在未考虑水库生态流量约束的情况下，水库下泄流量将难以满足下游生态需水要求。

进一步比较考虑生态流量约束条件与不考虑生态流量约束时锦江水电站发电情况，见表 5.6。

由表 5.6 可知，生态流量约束限制了水库下泄流量的大小，导致水电站发电引用流量受到一定限制，生态调度会对水库发电量产生一定幅度的影响。

表 5.6　　　　　生态流量约束对水库 6—7 月发电量的影响　　　　单位：亿 kW·h

时段	考虑生态流量约束	不考虑生态流量约束	差值
6—7 月	0.218	0.227	0.009

5.3.3　面向流域整体的目标型生态流量调度

鉴于目前针对典型水生生物的生态信息有待进一步完善，相关水文生态响应机制尚不健全，仅以面向流域整体的大尺度调度进行分析。

5.3.3.1　调度模型

在实际调度中，生态环境的保护和经济价值最大化之间存在矛盾冲突，本节将两者均作为目标条件之一进行考虑，从中找出最佳的平衡点，即以发电量最大为经济效益目标、以生态溢缺水量之和最小为生态效益目标，分析并获得枯水、平水、丰水各年份均衡生态-经济效益间竞争冲突的非劣方案集。

$$\text{Obj}_1 = \text{Max} \sum_t n \Delta t \tag{5.13}$$

$$\text{Obj}_2 = \text{Min}\left[-(V_{\text{ecoover}} + V_{\text{ecoLock}})\right] \tag{5.14}$$

式中：Obj_1 为发电量最大目标；Obj_2 为生态溢缺水量之和最小目标，将其取负转变为最大化目标。

本节采用的约束条件与不考虑生态约束的中长期发电调度相同，并利用多目标差分进化算法求解该模型。

5.3.3.2　调度结果

研究对锦江水库 1969—2018 年逐月径流资料进行频率分析，确定了丰（30%）、平（50%）、枯（70%）3 种频率来水过程进行计算，采用多目标差分进化算法对上述模型进行求解，各来水情况下调度结果见表 5.7～表 5.9、图 5.5～图 5.7。

表 5.7　　　　　　　　丰水年生态-经济效益均衡分析结果表

方案号	发电量/(亿 kW·h)	生态溢缺水量之和(取绝对值)/亿 m³	方案号	发电量/(亿 kW·h)	生态溢缺水量之和(取绝对值)/亿 m³
1	1.316	2.109	6	1.319	2.124
2	1.316	2.109	7	1.320	2.131
3	1.318	2.109	8	1.320	2.136
4	1.318	2.111	9	1.321	2.143
5	1.319	2.117	10	1.321	2.151

续表

方案号	发电量 /(亿 kW·h)	生态溢缺水量之和 (取绝对值) /亿 m³	方案号	发电量 /(亿 kW·h)	生态溢缺水量之和 (取绝对值) /亿 m³
11	1.322	2.156	26	1.329	2.291
12	1.322	2.161	27	1.330	2.301
13	1.323	2.169	28	1.330	2.312
14	1.324	2.178	29	1.331	2.327
15	1.324	2.186	30	1.331	2.335
16	1.324	2.196	31	1.331	2.354
17	1.325	2.202	32	1.332	2.362
18	1.325	2.213	33	1.332	2.375
19	1.326	2.225	34	1.333	2.392
20	1.326	2.236	35	1.333	2.411
21	1.327	2.244	36	1.333	2.423
22	1.327	2.249	37	1.334	2.440
23	1.328	2.262	38	1.334	2.462
24	1.328	2.266	39	1.334	2.483
25	1.329	2.277	40	1.334	2.244

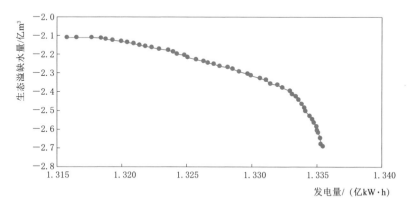

图 5.5 丰水年生态-经济效益均衡分析结果

图 5.5 表明，丰水年状况下，对锦江流域进行调度时，发电量和生态溢缺水量呈现反比关系，即发电量越大，生态溢缺水量越小；若发电量越小，生态溢缺水量反而越大。

表 5.8   平水年生态-经济效益均衡分析结果表

方案号	发电量 /(亿 kW·h)	生态溢缺水量之和 (取绝对值)/亿 m³	方案号	发电量 /(亿 kW·h)	生态溢缺水量之和 (取绝对值)/亿 m³
1	1.174	1.273	21	1.175	1.406
2	1.174	1.274	22	1.175	1.412
3	1.174	1.279	23	1.175	1.422
4	1.174	1.284	24	1.175	1.432
5	1.174	1.291	25	1.175	1.439
6	1.174	1.295	26	1.175	1.445
7	1.174	1.302	27	1.175	1.453
8	1.174	1.311	28	1.175	1.462
9	1.174	1.319	29	1.175	1.470
10	1.174	1.327	30	1.175	1.477
11	1.175	1.334	31	1.175	1.485
12	1.175	1.342	32	1.175	1.495
13	1.175	1.347	33	1.175	1.509
14	1.175	1.355	34	1.176	1.520
15	1.175	1.361	35	1.176	1.529
16	1.175	1.366	36	1.176	1.541
17	1.175	1.374	37	1.176	1.553
18	1.175	1.381	38	1.176	1.566
19	1.175	1.389	39	1.176	1.578
20	1.175	1.396	40	1.176	1.587

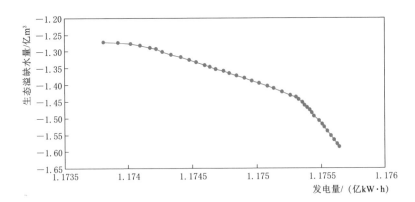

图 5.6   平水年生态-经济效益均衡分析结果

图 5.6 表明，平水年状况下，对锦江流域进行调度时，发电量和生态溢缺水量亦呈现反比关系，即发电量越大，生态溢缺水量越小；若发电量越小，生态溢缺水量反而越大。

表 5.9　　　　　　　　　枯水年生态—经济效益均衡分析结果表

方案号	发电量/(亿 kW·h)	生态溢缺水量之和（取绝对值）/亿 m³	方案号	发电量/(亿 kW·h)	生态溢缺水量之和（取绝对值）/亿 m³
1	1.174	1.391	21	1.191	1.723
2	1.176	1.397	22	1.192	1.752
3	1.177	1.407	23	1.192	1.769
4	1.177	1.422	24	1.193	1.791
5	1.178	1.437	25	1.193	1.819
6	1.179	1.451	26	1.194	1.837
7	1.180	1.459	27	1.194	1.860
8	1.181	1.472	28	1.194	1.877
9	1.182	1.492	29	1.195	1.895
10	1.183	1.513	30	1.195	1.909
11	1.184	1.526	31	1.195	1.932
12	1.185	1.543	32	1.196	1.955
13	1.186	1.564	33	1.196	1.982
14	1.187	1.590	34	1.196	2.001
15	1.188	1.596	35	1.197	2.032
16	1.188	1.615	36	1.197	2.062
17	1.189	1.636	37	1.197	2.090
18	1.189	1.658	38	1.198	2.119
19	1.190	1.686	39	1.198	2.142
20	1.191	1.700	40	1.198	2.165

图 5.7 表明，枯水年状况下，对锦江流域进行调度时，发电量和生态溢缺水量仍旧呈现反比关系，即发电量越大，生态溢缺水量越小；若发电量越小，生态溢缺水量反而越大。

综上所述，不论在丰水年、平水年还是枯水年，对锦江流域进行调度时，发电量和生态溢缺水量均呈现反比关系，说明发电量的提高，要增加生态溢缺水量；反之亦然。且随着来水频率的增加，电站在两目标的范围也逐渐变宽，说明当来水较丰时，电站有更大的空间协调发电量与生态溢缺水量间的关系。在进行实际生态调度方案制定时，调度决策者需根据梯级电站自身利益需要以

及生态环境需求，从求得的非劣调度方案中选择兼顾多种利益的调度方案作为
最终调度方案。

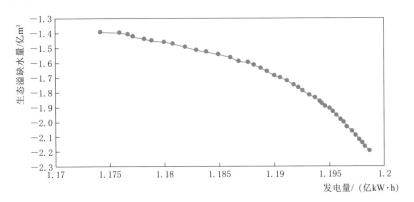

图 5.7　枯水年生态–经济效益均衡分析结果

5.3.4　生态流量调度生态适宜度评价

　　研究建立包含径流生态离差系数、生态溢水量、生态溢水量百分比、生态
缺水量、生态缺水量百分比的生态适宜度评价指标体系，用于对上述调度计算
结果进行评价，各指标计算结果见表 5.10 和表 5.11。

表 5.10　　　　　　　　　　　　中长期调度评价指标计算结果

生态流量约束	有			无		
来水频率	丰	平	枯	丰	平	枯
发电量/(亿 kW·h)	1.31	1.17	1.17	1.33	1.18	1.20
径流生态离差系数	0.90	0.74	0.85	0.88	0.86	0.89
生态缺水量/万 m³	0.0	2.7	0.0	482.1	1007.1	1222.0
生态溢水量/亿 m³	2.1	1.3	1.4	2.6	1.4	1.9
生态缺水百分比/%	0.0	0.0	0.0	0.6	1.2	1.5
生态溢水百分比/%	17.17	10.37	11.33	21.34	11.67	15.83
上限不满足月份	全年	1、2、3、4、5	1、2、3、10	3、4、6、7、8、10、12	1、2、3、4、5、6、12	4、8、9、10、12
下限不满足月份	无	6、8、9、12	11、12	11	8、10、11	2、3
最小出力/万 kW	0.63	0.61	0.48	0.52	0.56	0.51

　　表 5.10 与表 5.11 说明：

　　（1）由表 5.10 中发电量和最小出力可知，在有生态流量约束时，丰、平、
枯 3 种频率来水情况下水电站年发电量略小于没有生态流量约束时的年发电量，

主要原因在于生态流量上限值限制了水电站的下泄流量，从而影响了水电站引用发电流量，使得发电量减小。此外，受生态流量下限影响，水库下泄需尽量大于各月的生态流量下限，保证了水库最小下泄流量，使得有生态流量约束时的最小出力要大于无生态流量约束时的最小出力。

表 5.11　　　　　　　　日尺度调度评价指标计算结果

生态约束	有	无	生态约束	有	无
发电量/(亿 kW·h)	0.219	0.227	生态缺水百分比/%	0	15.894
径流生态离差系数	0.917	0.797	生态溢水百分比/%	30.245	50.947
生态缺水量/万 m³	0	3626.899	不满足时段数	0	22
生态溢水量/万 m³	5298.912	8926.07	最小出力/万 kW	0.75	0.53

（2）依据表 5.10 中不满足生态约束的时段数据可知，在调度过程中，生态流量约束限制会遭到不同程度破坏，但是有生态流量约束的情况下，水库下泄流量超出生态流量适宜范围的时段数明显少于不考虑生态流量约束的情况，其中平水年和枯水年更为明显，由此可知，合理地设置生态流量约束进行调度，可以有效地保障水库下游河道的生态需水要求。

（3）对于中长期调度，通过径流生态离差系数、生态缺水量及其百分比、生态溢水量及其百分比等生态适宜度评价指标可知，丰、平、枯来水情景下，有生态流量约束的调度方式各指标均优于没有生态流量约束的调度方式，但是两者均存在生态溢水量较大的问题，说明锦江水库来水量可以满足下游生态需水，但是需积极进行水库生态调度，避免下泄流量过大影响下游河道生态安全。

（4）表 5.11 中的数据说明，对于短期的逐日调度，也存在与中长期逐月调度相似的问题，需结合实际数据，建立合理的生态调度规则，减少下泄流量过大或过小对于下游河道生态安全产生的影响。

5.4　小结

由于气候条件的变化，加上人类活动的影响，过量使用水资源，导致流域下游引发严重的生态问题，生态流量的保障难以实现。因此，本章首先量化低于锦江流域生态流量的风险，在此基础上进一步分析如何借助管理和调控的手段来保障生态流量。研究结果表明：

（1）通过自然环境维持河流生态流量，将要面临河道较大的低于生态流量的风险，即仅靠自然环境维持河流生态流量难以保障河流的生态流量。构建了适宜生态流量为约束的小水电开发下生态调度模型，通过结合推求的面向流域整体的生态流量和面向典型生物的生态流量，从面向流域整体的约束型生态流量调度、面向典型生物的约束型生态流量调度与面向流域整体的目标型生态流量调度三个维度开展了小水电开发下流域生态流量调控研究。

（2）给出了小水电开发下流域生态流量调控方案集，生态调度方案显示合理地设置生态流量约束进行调度，可以有效地保障水库下游河道的生态需水要求。表明对锦江水库进行生态调度，可避免下泄流量过大影响下游河道生态安全。与以往生态调度模型相比，该生态调度模型在进行实际生态调度方案制定时，调度决策者可根据梯级电站自身利益需要以及生态环境需求，从多种调度方案中选择兼顾各种利益的调度方案作为最终调度方案。

可见，生态流量的调控作为保障生态流量的技术方案，为维持流域生态流量提供了强有力的技术支持，如何实施技术方案，还需从管理角度深入分析，即通过管理渠道将技术方案有效地执行。

第6章 基于演化博弈的生态流量适应性管理

6.1 小水电生态调度与管理部门的演化博弈

6.1.1 模型的基本假设

演化博弈理论是演化理论与博弈论相结合的理论，其基本的假设是决策主体的有限理性[224-227]，认为在博弈的过程中，由于信息获取的局限性，参与博弈的相关者的判断能力、收益特征、知识水平等因素，博弈方策略的选择是具有有限理性的。与此同时，博弈不可能一次完成，是博弈者之间根据各种影响因素和信息不断地进行调整的过程，最终将使系统达到均衡状态。本章对演化博弈过程提出如下假设：

（1）以生态流量的管理为研究对象，以小水电和水行政主管部门为研究对象，因此博弈参与方为小水电的生态调度管理和水行政主管部门的管理；其中，水行政主管部门是小水电站生态流量泄放的监管部门。

（2）小水电的生态调度和水行政主管部门的管理都是有限理性的，两者可能会长久的协同合作，通过互相协调的方式，根据实际情况的变化，调整自身的策略（即水电站的生态调度，水行政主管部门的管理方式），直到均衡为止。

（3）小水电的生态调度和水行政主管部门的管理，均有实施行为和不实施行为两种策略可以选择，即小水电的博弈决策空间为进行生态调度和不进行生态调度，水行政主管部门的博弈决策空间是进行管理和不进行管理。

6.1.2 模型构建

6.1.2.1 模型假设和支付矩阵

生态流量管理中的小水电和水行政主管部门，两者是否对生态流量进行管理这一行为是在特定的条件下才能产生的。若双方的决策投入后能够获得足够的利润，且不会损害自身的利益，则双方都会协同管理，即两者采用主动实施管理的策略；若在某些情形下，双方实施管理的策略不能带来收益，针对小水电而言，反而会损害小水电的效益，不如不投入生态调度行为，在此情形下小水电更愿意维持现状；一些特殊情形，如迫于水行政主管部门的管理策略，小水电实施生态调度成为小水电被动实施的行为，亦会产生部分收益，那么小水电就会选择被动实施的行为策略。

假设小水电的生态调度管理和水行政主管部门的管理，共同面临生态流量管理的行为选择，定义影响小水电的生态调度管理和水行政主管部门的管理行为选择的具体变量如下：

z_1——博弈双方均实施主动策略时，小水电主动进行生态调度的收入；

b_1——水行政主管部门实施主动策略时，小水电被动进行生态调度的收入；

z_2——博弈双方均实施主动策略时，水行政主管部门主动进行生态流量管理的收入；

b_2——小水电实施主动策略时，水行政主管部门被动进行生态流量管理的收入；

C_1——小水电运行成本；

C_2——水行政主管部门运行成本；

μ、ω——小水电和水行政主管部门的成本弹性系数 μ、$\omega \in$（0，1）。

注：在进行实例模拟和分析时，考虑到与实际相关联，因此加入 $b_1 < z_1$ 和 $b_2 < z_2$ 的前提。

根据上述影响因素和假设，小水电和水行政主管部门之间的支付矩阵见表 6.1。

表 6.1　　　　　　　　小水电和水行政主管部门之间的支付矩阵

项　目		水行政主管部门	
		主动进行管理（x_2）	被动进行管理（$1-x_2$）
小水电	主动实施调度（x_1）	$z_1-(1-\mu)C_1$ $z_2-(1-\omega)C_2$	$z_1-(1+\mu)C_1$ $b_2-(1+\omega)C_2$
	被动实施调度（$1-x_1$）	$b_1-(1+\mu)C_1$ $z_2-(1+\omega)C_2$	$-C_1$ $-C_2$

6.1.2.2 建立复制动态方程

假设小水电主动实施生态调度的概率为 x_1（$0 \leqslant x_1 \leqslant 1$），则被动实施生态调度的概率为 $1 - x_1$；相似地，水行政主管部门对生态流量进行主动管理的概率为 x_2（$0 \leqslant x_2 \leqslant 1$），则水行政主管部门对生态流量进行被动管理的概率为 $1 - x_2$。根据博弈演化理论，设小水电和水行政主管部门实施行为的概率 x_1 和 x_2 的初始值是一定的。

由博弈演化理论得，在演化博弈中，收益较少的一方通过调整自己的决策行为，直到达到双方利益均衡状态为止。在本章中，参与生态流量管理的有小水电和水行政主管部门，通过引入动态赋值方程的概念，调整 x_1 和 x_2 得出混合决策下的均衡解。因此，分别建立小水电和水行政主管部门的微分方程，分析小水电和水行政主管部门决策的变化过程

$$G(x_1) = \frac{\mathrm{d}x_1}{\mathrm{d}t} = (U_{s1} - \overline{U}_s)x_1 \tag{6.1}$$

$$G(x_2) = \frac{\mathrm{d}x_2}{\mathrm{d}t} = (U_{x1} - \overline{U}_x)x_2 \tag{6.2}$$

式中：U_{s1} 为小水电主动实施生态调度策略的适应度函数；U_{x1} 为水行政主管部门进行主动实施生态调度策略的适应度函数；$\overline{U}_s$ 为小水电选取两种策略的平均适应度函数。

依据支付矩阵，得到小水电主动实施生态调度策略的适应度函数（U_{s1}）为

$$\begin{aligned} U_{s1} &= x_2[z_1 - (1-\mu)C_1] + (1-x_2)[z_1 - (1+\mu)C_1] \\ &= x_2 2\mu C_1 + [z_1 - (1+\mu)C_1] \end{aligned} \tag{6.3}$$

小水电被动实施生态调度策略的适应度函数（U_{s2}）为

$$U_{s2} = x_2[b_1 - (1+\mu)C_1] + (1-x_2)(-C_1) = x_2(b_1 - \mu C_1) - C_1 \tag{6.4}$$

则小水电选取两种策略的平均适应度函数为

$$\overline{U}_s = x_1 U_{s1} + (1-x_1)U_{s2} \tag{6.5}$$

因此，得到小水电主动实施生态流量调度策略复制动态方程为

$$\begin{aligned} G(x_1) &= \frac{\mathrm{d}x_1}{\mathrm{d}t} = x_1(U_{s1} - \overline{U}_s) = x_1(1-x_1)(U_{s1} - U_{s2}) \\ &= x_1(1-x_1)\{x_2 2\mu C_1 + [z_1 - (1+\mu)C_1] - [x_2(b_1 - \mu C_1) - C_1]\} \\ &= x_1(1-x_1)[x_2(3\mu C_1 - b_1) + (z_1 - \mu C_1)] \end{aligned} \tag{6.6}$$

相似地，水行政主管部门主动实施调度的期望收益（U_{x1}）为

$$U_{x1} = x_1[z_2 - (1-\omega)C_2] + (1-x_1)[z_2 - (1+\omega)C_2] \tag{6.7}$$

水行政主管部门被动实施调度的期望收益（U_{x2}）为

$$U_{x2} = x_1[b_2 - (1+\omega)C_2] + (1-x_1)(-C_2) \tag{6.8}$$

水行政主管部门总的期望收益（U_{xZ}）为

$$U_{xZ} = x_2 U_{x1} + (1 - x_2) U_{x2} \tag{6.9}$$

得到水行政主管部门主动实施管理策略复制动态方程为

$$G(x_2) = \frac{\mathrm{d}x_2}{\mathrm{d}t} = x_2(U_{x1} - U_{xZ}) = x_2(U_{x1} - \overline{U}_x) = x_2(1 - x_2)U_{x1} - U_{x2}$$

$$= x_2(1 - x_2)[x_1(3\omega C_2 - b_2) + (z_2 - \omega C_2)] \tag{6.10}$$

6.1.2.3 博弈双方策略的稳定性分析

将复制动态方程式（6.6）和式（6.10）联立构成方程组，得到小水电和水行政主管部门博弈演化模型

$$\begin{cases} G(x_1) = x_1(1 - x_1)[x_2(3\mu C_1 - b_1) + (z_1 - \mu C_1)] \\ G(x_2) = x_2(1 - x_2)[x_1(3\omega C_2 - b_2) + (z_2 - \omega C_2)] \end{cases} \tag{6.11}$$

（1）小水电的稳定性分析。演化博弈稳定性定理是进化稳定点的取值需为微分方程 $\frac{\mathrm{d}x_1}{\mathrm{d}t} = 0$ 时的解，并必须满足条件 $G(x_1)' < 0$，反之则不为进化稳定点。对于小水电进行主动实施调度决策的复制动态方程为

$$\frac{\mathrm{d}x_1}{\mathrm{d}t} = (1 - 2x_1)[x_2(3\mu C_1 - b_1) + (z_1 - \mu C_1)] \tag{6.12}$$

1）当 $x_2 = \frac{z_1 - \mu C_1}{b_1 - 3\mu C_1}\left(0 < \frac{z_1 - \mu C_1}{b_1 - 3\mu C_1} \leqslant 1\right)$ 时，x_1 稳定不变，即任何突变行为都无法影响该比例的变化，说明所有采用的主动实施调度决策的概率 x_1 都是处于稳定状态的。此时，小水电复制动态相位图如图 6.1（a）所示，从相位图可得，水行政主管部门选择"主动进行管理"和"被动进行管理"的策略是无区别的。

2）当 $\frac{z_1 - \mu C_1}{b_1 - 3\mu C_1} < 0$ 时，则 $x_2 > \frac{z_1 - \mu C_1}{b_1 - 3\mu C_1}$，且 $\frac{\mathrm{d}x_1}{\mathrm{d}t}\Big|_{x_1=0} < 0$，$\frac{\mathrm{d}x_1}{\mathrm{d}t}\Big|_{x_1=1} > 0$，可见，$x_1 = 0$ 是演化稳定状态，此时，小水电复制动态相位图如图 6.1（b）所示。

3）当 $0 < \frac{z_1 - \mu C_1}{b_1 - 3\mu C_1} < 1$ 时，若 $x_2 < \frac{z_1 - \mu C_1}{b_1 - 3\mu C_1}$，$\frac{\mathrm{d}x_1}{\mathrm{d}t}\Big|_{x_1=0} > 0$，$\frac{\mathrm{d}x_1}{\mathrm{d}t}\Big|_{x_1=1} < 0$，可见，$x_1 = 1$ 是演化稳定状态，此时，小水电复制动态相位图如图 6.1（c）所示；若 $x_2 > \frac{z_1 - \mu C_1}{b_1 - 3\mu C_1}$，$\frac{\mathrm{d}x_1}{\mathrm{d}t}\Big|_{x_1=0} < 0$，$\frac{\mathrm{d}x_1}{\mathrm{d}t}\Big|_{x_1=1} > 0$，可见，$x_1 = 0$ 是演化稳定状态，此时，小水电复制动态相位图如图 6.1（b）所示。

依据图 6.1 可得，小水电是否主动实施调度的策略，由水行政主管部门对小水电采取主动实施管理策略的概率决定，即在生态流量管理上，若水行政主管部门采取主动进行管理策略的概率为 $\frac{z_1 - \mu C_1}{b_1 - 3\mu C_1}$，则小水电选择主动实施调度

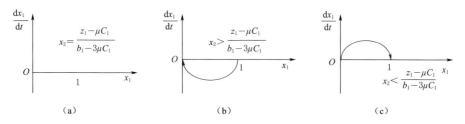

图 6.1　小水电复制动态图

和被动实施调度策略无区别，结果相同；小水电是否进行生态调度取决于进行生态调度后能否获益，而是否获益与水行政主管部门进行管理有关。

（2）水行政主管部门的稳定性分析。水行政主管部门演化博弈稳定性定理需要满足微分方程 $\dfrac{\mathrm{d}x_2}{\mathrm{d}t}=0$ 时的解，并必须满足条件 $G(x_2)'<0$，反之则不为进化稳定点。对于水行政主管部门进行主动实施管理决策的复制动态方程为

$$\frac{\mathrm{d}x_2}{\mathrm{d}t}=(1-2x_2)\left[x_1(3\omega C_2-b_2)+(z_2-\omega C_2)\right] \tag{6.13}$$

1）当 $x_1=\dfrac{z_2-\omega C_2}{b_2-3\omega C_2}\left(0<\dfrac{z_2-\omega C_2}{b_2-3\omega C_2}\leqslant1\right)$ 时，x_2 稳定不变，即任何突变行为都无法影响该比例的变化，说明所有采用的主动实施管理决策的概率 x_2 都是处于稳定状态的。此时，水行政主管部门复制动态相位图如图 6.2（a）所示，从相位图可得，小水电选择"主动实施调度"和"被动实施调度"的策略是无区别的。

2）当 $\dfrac{z_2-\omega C_2}{b_2-3\omega C_2}<0$ 时，则 $x_1>\dfrac{z_2-\omega C_2}{b_2-3\omega C_2}$，且 $\dfrac{\mathrm{d}x_2}{\mathrm{d}t}\Big|_{x_2=0}<0$，$\dfrac{\mathrm{d}x_2}{\mathrm{d}t}\Big|_{x_2=1}>0$，可见，$x_2=0$ 是演化稳定状态，此时，水行政主管部门复制动态相位图如图 6.2（b）所示。

3）当 $0<\dfrac{z_2-\omega C_2}{b_2-3\omega C_2}<1$ 时，若 $x_1<\dfrac{z_2-\omega C_2}{b_2-3\omega C_2}$，$\dfrac{\mathrm{d}x_2}{\mathrm{d}t}\Big|_{x_2=0}>0$，$\dfrac{\mathrm{d}x_2}{\mathrm{d}t}\Big|_{x_2=1}<0$，可见，$x_2=1$ 是演化稳定状态，此时，水行政主管部门复制动态相位图如图 6.2（c）所示；若 $x_1>\dfrac{z_2-\omega C_2}{b_2-3\omega C_2}$，$\dfrac{\mathrm{d}x_2}{\mathrm{d}t}\Big|_{x_2=0}<0$，$\dfrac{\mathrm{d}x_2}{\mathrm{d}t}\Big|_{x_2=1}>0$，可见，$x_2=0$ 是演化稳定状态，此时，水行政主管部门复制动态相位图如图 6.2（b）所示。

依据图 6.2 可得，水行政主管部门是否主动进行管理的策略，由小水电对水行政主管部门采取主动进行调度策略的概率决定，即在生态流量管理上，若小水电采取主动实施调度策略的概率为 $\dfrac{z_2-\omega C_2}{b_2-3\omega C_2}$，则水行政主管部门选择主动

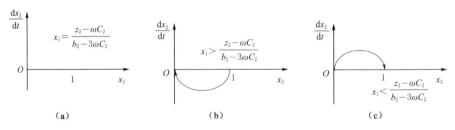

图 6.2　水行政主管部门复制动态图

进行管理和被动进行管理策略无区别，结果相同；水行政主管部门是否主动进行管理取决于进行管理后能否获益，而是否获益与小水电进行生态调度有关。

（3）小水电和水行政主管部门演化稳定策略分析。通过分别分析小水电和水行政主管部门稳定性策略，可得到博弈系统在平面内的五个局部均衡点，分别为 $O(0,0)$、$C(0,1)$、$A(1,0)$、$B(1,1)$ 和 D $(x_{1,D4}$，$x_{2,D4})$，D 的坐标值为

$$\begin{cases} x_{1,D} = \dfrac{z_2 - \omega C_2}{b_2 - 3\omega C_2} \\ x_{2,D} = \dfrac{z_1 - \mu C_1}{b_1 - 3\mu C_1} \end{cases} \quad (6.14)$$

当且仅当 $0 \leqslant \dfrac{z_2 - \omega C_2}{b_2 - 3\omega C_2} \leqslant 1$、$0 \leqslant \dfrac{z_1 - \mu C_1}{b_1 - 3\mu C_1} \leqslant 1$ 时成立。各平衡点的横坐标表示小水电选择主动实施调度策略的个体所占比例 x_1，纵坐标表示水行政主管部门选择主动进行管理策略的个体所占比例 x_2。一般地，研究整体稳定均衡点可通过建立雅可比矩阵进行分析判断得出最终的系统均衡点，构建的雅可比矩阵如下

$$J = \begin{bmatrix} \dfrac{dG(x_1)}{dx} & \dfrac{dG(x_1)}{dy} \\ \dfrac{dG(x_2)}{dx} & \dfrac{dG(x_2)}{dy} \end{bmatrix} \rightarrow \begin{cases} \dfrac{dG(x_1)}{dx} = (1-2x_1)[x_2(3\mu C_1 - b_1) + (z_1 - \mu C_1)] \\ \dfrac{dG(x_1)}{dy} = x_1(1-x_1)(3\mu C_1 - b_1) \\ \dfrac{dG(x_2)}{dx} = x_2(1-x_2)(3\omega C_2 - b_2) \\ \dfrac{dG(x_2)}{dy} = (1-2x_2)[x_1(3\omega C_2 - b_2) + (z_2 - \omega C_2)] \end{cases}$$

$$(6.15)$$

根据式（6.15）得到矩阵的行列式 $\det(G)$ 和迹 $\mathrm{tr}(G)$

$$\begin{aligned} \det(G) = {} & (1-2x_1)[x_2(3\mu C_1 - b_1) + (z_1 - \mu C_1)] \times (1-2x_2)[x_1(3\omega C_2 - b_2) + \\ & (z_2 - \omega C_2)] - x_1(1-x_1)(3\mu C_1 - b_1) \times x_2(1-x_2)(3\omega C_2 - b_2) \quad (6.16) \end{aligned}$$

$$\text{tr}(G) = (1-2x_1)[x_2(3\mu C_1 - b_1) + (z_1 - \mu C_1)] +$$
$$(1-2x_2)[x_1(3\omega C_2 - b_2) + (z_2 - \omega C_2)] \tag{6.17}$$

博弈系统在平面内的 5 个局部均衡点分别为 $O(0,0)$、$C(0,1)$、$A(1,0)$、$B(1,1)$ 和 $D\left(\dfrac{\omega C_2 - z_2}{3\omega C_2 - b_2}, \dfrac{\mu C_1 - z_1}{3\mu C_1 - b_1}\right)$。将上述 5 个均衡点代入式（6.16）和式（6.17），得到四个均衡点的矩阵行列式和迹的表达式，见表 6.2。

表 6.2　　　　　　　　　　均衡点对应的矩阵行列式和迹的表达式

情形	均衡点	det(G)	tr(G)
1	O	$(z_1 - \mu C_1) \times (z_2 - \omega C_2)$	$(z_1 - \mu C_1) + (z_2 - \omega C_2)$
2	C	$(z_1 - b_1 + 2\mu C_1) \times [-(z_2 - \omega C_2)]$	$(z_1 - b_1 + 2\mu C_1) - (z_2 - \omega C_2)$
3	A	$-(z_1 - \mu C_1) \times (z_2 - b_2 + 2\omega C_2)$	$-(z_1 - \mu C_1) + (z_2 - b_2 + 2\omega C_2)$
4	B	$[-(z_1 - b_1 + 2\mu C_1)] \times [-(z_2 - b_2 + 2\omega C_2)]$	$-(z_1 - b_1 + 2\mu C_1) - (z_2 - b_2 + 2\omega C_2)$
5	D	$\dfrac{-(2\omega C_2 - b_2 + z_2)(2\mu C_1 - b_1 + z_1)(\mu C_1 - z_1)(\omega C_2 - z_2)}{(3\omega C_2 - b_2)(3\mu C_1 - b_1)}$	0

6.1.3　演化稳定点的策略组合分析

进一步分析雅可比矩阵在均衡点处的行列式值和迹数值：

（1）若 $O(0,0)$ 为演化稳定策略，则 $\det(G) > 0$ 和 $\text{tr}(G) < 0$ 同时满足，即 $z_1 - \mu C_1 < 0$ 且 $z_2 - \omega C_2 < 0$，则得出 $O(0,0)$ 为演化稳定策略。

（2）若 $C(0,1)$ 为演化稳定策略，则 $\det(G) > 0$ 和 $\text{tr}(G) < 0$ 同时满足，即 $z_1 - b_1 + 2\mu C_1 < 0$ 且 $-(z_2 - \omega C_2) < 0$，则 $C(0,1)$ 为演化稳定策略。

（3）若 $A(1,0)$ 为演化稳定策略，则 $\det(G) > 0$ 和 $\text{tr}(G) < 0$ 同时满足，即 $-(z_1 - \mu C_1) < 0$ 且 $z_2 - b_2 + 2\omega C_2 < 0$，则 $A(1,0)$ 可能成为演化稳定策略。

（4）若 $B(1,1)$ 为演化稳定策略，则 $\det(G) > 0$ 和 $\text{tr}(G) < 0$ 同时满足，即 $-(z_1 - b_1 + 2\mu C_1) < 0$ 且 $-(z_2 - b_2 + 2\omega C_2) < 0$，则 $B(1,1)$ 为演化稳定策略。

（5）对于均衡点 $D(x_{1,D}, x_{2,D})$，由于 $a_{11} = a_{22} = 0$，不满足 $\text{tr}(G) < 0$，因此 $D(x_{1,D}, x_{2,D})$ 也不可能成为演化稳定策略。

综上所述，对于小水电和水行政主管部门而言，当满足上述不同条件时，

$O(0,0)$、$C(0,1)$、$A(1,0)$ 和 $B(1,1)$ 均有可能成为演化稳定策略[224-232]。分析结果见表 6.3。

表 6.3　　　　　　　　　演化博弈的均衡点和稳定性

均衡点	条　件	局部稳定性
$O(0,0)$	$\mu > \dfrac{z_1}{C_1}$ 且 $\omega > \dfrac{z_2}{C_2}$	ESS
$C(0,1)$	$\mu < \dfrac{b_1 - z_1}{2C_1}$ 且 $\omega < \dfrac{z_2}{C_2}$	ESS
$A(1,0)$	$\mu < \dfrac{z_1}{C_1}$ 且 $\omega < \dfrac{b_2 - z_2}{2C_2}$	ESS
$B(1,1)$	$\mu > \dfrac{b_1 - z_1}{2C_1}$ 且 $\omega > \dfrac{b_2 - z_2}{2C_2}$	ESS
$D(x_{1,D}, x_{2,D})$	—	不稳定，在任一条件下都是鞍点

6.2　理论分析

6.2.1　参数赋值

为了进一步验证以上结论的正确性且能够更直观地看出小水电和水行政主管部门的策略演化方向和趋势，演化博弈模型中，各主体的决策过程，实际上是变量 x_1 和 x_2 的关于时间 t 的变化过程函数，其核心基础是小水电和水行政主管部门的复制动态方程，即变量 x_1 和 x_2 关于时间 t 的微分方程。本节采用对各变量赋值的方式进行模拟分析，此部分赋值不考虑实际情况，如 $b_1 < z_1$ 和 $b_2 < z_2$，仅仅分析上述部分的理论讨论结果。与此同时，赋值需满足表 6.3 的稳定性结果的条件，见表 6.4。

表 6.4　　　　　　　　　参 数 赋 值 表

参数	z_1	b_1	z_2	b_2	C_1	C_2	μ	ω
赋值 1	200	625	20	100	300	60	0.7	0.6
赋值 2	180	650	20	50	320	30	0.7	0.6
赋值 3	250	650	10	50	320	30	0.7	0.6
赋值 4	250	600	50	100	300	60	0.7	0.6

6.2.2 均衡性结果的验证

当 $\mu > \dfrac{z_1}{C_1}$ 且 $\omega > \dfrac{z_2}{C_2}$ 时，数据的演算结果如图 6.3 所示。

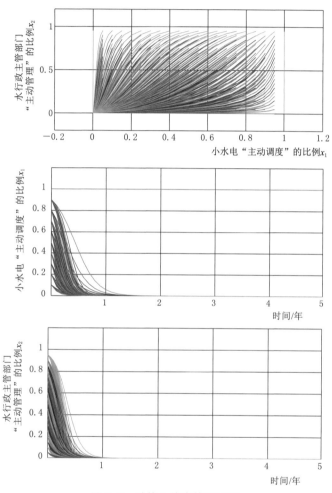

图 6.3 赋值 1 的演算结果图

图 6.3 表明，当满足上述条件时小水电和水行政主管部门的博弈朝向（0，0）方向演化，即系统的演化平衡点为（0，0）。说明：随着时间的推移，x_1 逐渐向 $x_1 = 0$ 收敛，即小水电向被动实施调度策略的方向进行；x_2 逐渐向 $x_2 = 0$ 收敛，即水行政主管部门随着时间的推移，逐渐向被动实施管理的方向进行。因此在该条件下，小水电和水行政主管部门博弈演化的平衡点为（0，0），即小水电实施被动调度策略，水行政主管部门会被动进行管理。

当 $\mu < \dfrac{b_1 - z_1}{2C_1}$ 且 $\omega < \dfrac{z_2}{C_2}$ 时，数据的演算结果如图 6.4 所示。

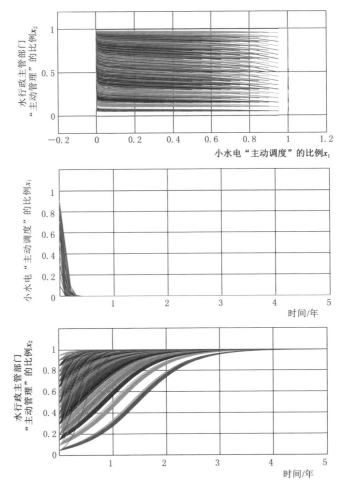

图 6.4　赋值 2 的演算结果图

图 6.4 表明，当满足上述条件时小水电和水行政主管部门的博弈朝向 (0，1) 方向演化。说明：随着时间的推移，x_1 逐渐向 $x_1 = 0$ 收敛，即小水电进行被动实施生态调度的策略；随着时间的推移，x_2 逐渐向 $x_2 = 1$ 收敛，即水行政主管部门进行主动生态流量管理的策略。因此在该条件下，小水电和水行政主管部门博弈演化的平衡点为 (0，1)，即小水电实施被动调度策略，水行政主管部门会主动进行管理。

当 $\mu < \dfrac{z_1}{C_1}$ 且 $\omega < \dfrac{b_2 - z_2}{2C_2}$ 时，数据的演算结果如图 6.5 所示。

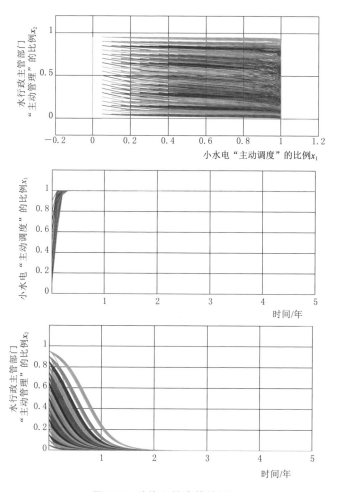

图 6.5　赋值 3 的演算结果图

图 6.5 表明，当满足上述条件时小水电和水行政主管部门的博弈朝向 (1，0) 方向演化。说明：随着时间的推移，x_1 逐渐向 $x_1=1$ 收敛，即小水电进行主动实施生态调度的策略；随着时间的推移，x_2 逐渐向 $x_2=0$ 收敛，即水行政主管部门进行被动生态流量管理的策略。因此在该条件下，小水电和水行政主管部门博弈演化的平衡点为 (1，0)，即小水电实施主动调度策略，水行政主管部门会被动进行管理。

当 $\mu > \dfrac{b_1-z_1}{2C_1}$ 且 $\omega > \dfrac{b_2-z_2}{2C_2}$ 时，数据的演算结果如图 6.6 所示。

图 6.6 表明，当满足上述条件时小水电和水行政主管部门的博弈朝向 (1，1) 方向演化。说明：随着时间的推移，x_1 逐渐向 $x_1=1$ 收敛，即小水电进行

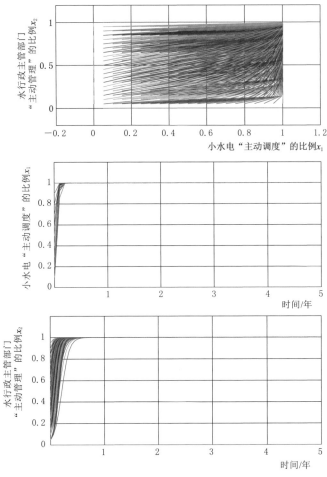

图 6.6 赋值 4 的演算结果图

主动实施生态调度的策略；随着时间的推移，x_2 逐渐向 $x_2=1$ 收敛，即水行政主管部门进行主动生态流量管理的策略。因此在该条件下，小水电和水行政主管部门博弈演化的平衡点为 (1, 1)，即小水电实施主动调度策略，水行政主管部门会主动进行管理。

6.3 实例分析

6.3.1 博弈双方演化稳定策略的确定与分析

根据 Friedman 提出的方法，当满足 $\mathrm{tr}(G)<0$、$\det(G)>0$ 的条件下，复制动态方程的均衡点是稳定的，即为演化稳定策略（ESS）[233-234]。6.2 节的理论分析，仅仅针对表 6.3 的条件得到。由于实际中，被动进行管理（调度）产生的收益会小于主动管理（调度）产生的收益，即 $b_1 < z_1$ 和 $b_2 < z_2$。由式（6.15）和复制动态方程稳定条件，可得：

情形 1：若 $\mu > \dfrac{z_1}{C_1}$ 且 $\omega > \dfrac{z_2}{C_2}$，则均衡点 O（0，0）为演化稳定策略。

情形 2：若均衡点 $C(0,1)$ 为演化稳定策略，需要满足条件：$z_1 - b_1 + 2\mu C_1 < 0$ 且 $\omega < \dfrac{z_2}{C_2}$；由于 $b_1 < z_1$，因此 $z_1 - b_1 + 2\mu C_1 > 0$。所以 $z_1 - b_1 + 2\mu C_1 < 0$ 不符合实际情况，均衡点 $C(0,1)$ 不可能成为演化稳定策略。

情形 3：若均衡点 $A(1,0)$ 为演化稳定策略，需要满足条件：$\mu < \dfrac{z_1}{C_1}$ 且 $z_2 - b_2 + 2\omega C_2 < 0$；由于 $b_2 < z_2$，因此 $z_2 - b_2 + 2\omega C_2 > 0$。所以 $z_2 - b_2 + 2\omega C_2 < 0$ 不符合实际情况，则均衡点 $A(1,0)$ 也不可能成为演化稳定策略。

情形 4：若 $z_1 - b_1 + 2\mu C_1 > 0$ 且 $z_2 - b_2 + 2\omega C_2 > 0$，则均衡点 $B(1,1)$ 为演化稳定策略。

情形 5：若 $\mu > \dfrac{z_1}{C_1}$ 且 $\omega > \dfrac{z_2}{C_2}$，则 $\dfrac{-(2\omega C_2 - b_2 + z_2)(2\mu C_1 - b_1 + z_1)(\mu C_1 - z_1)(\omega C_2 - z_2)}{(3\omega C_2 - b_2)(3\mu C_1 - b_1)}$ < 0，因此 D 是鞍点。

6.3.2 博弈模型仿真分析

结合前述的讨论结果，绘制博弈双方进行管理策略的动态演化过程，如图 6.7 所示。

博弈演化的均衡结果存在两种情形，即博弈双方均对生态流量实施主动策略或者均实施被动策略。在实际中，最终选择哪种策略，取决于图 6.7 中的区域 $CDAO$ 和区域 $CBAD$ 面积，具体地：若 $S_{CDAO} >$

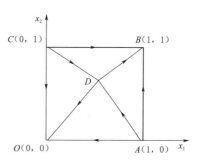

图 6.7 博弈双方动态博弈
演变得位相图

S_{CBAD}，则博弈双方实施被动策略的概率大于实施主动策略的概率，则系统沿着 DO 方向演化，区域 $CDAO$ 的面积越大，长期均衡实施被动策略的概率越大，依据均衡点 D 的坐标，得 $S_{CDAO} = \dfrac{1}{2}\left(\dfrac{\mu C_1 - z_1}{3\mu C_1 - b_1} + \dfrac{\omega C_2 - z_2}{3\omega C_2 - b_2}\right)$，$S_{CBAD} = 1 - \dfrac{1}{2}\left(\dfrac{\mu C_1 - z_1}{3\mu C_1 - b_1} + \dfrac{\omega C_2 - z_2}{3\omega C_2 - b_2}\right)$，反之亦然。可见，小水电与水行政主管部门之间的博弈为（主动调度，主动管理）和（被动调度，被动管理）两种稳定演变方式，

而鞍点的位置决定了博弈演化的方向。

为了更好地分析小水电与水行政主管部门之间的策略选择变化，在理论分析的基础上，在符合前述约束条件 $[\mu,\omega \in (0,1), b_1 < z_1$ 且 $b_2 < z_2]$ 的基础上，通过对各参数赋值的方式进行模拟仿真。首先分析收益较大的情况，即成本投入较少、收入较多：$z_1 = 200$，$b_1 = 130$，$z_2 = 100$，$b_2 = 80$，$C_1 = 200$，$C_2 = 100$，$\mu = 0.9$，$\omega = 0.8$，对该假定数值进行模拟，结果如图 6.8 所示。

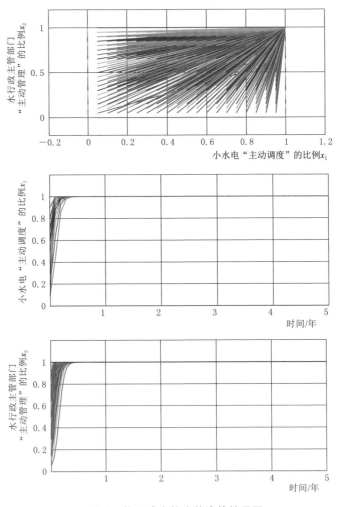

图 6.8　投入成本较小的演算结果图

图 6.8 表明，此时鞍点 D 的坐标为 $(-4.25, -0.786)$，由于投入成本较少，因此收益较多，此时小水电和水行政主管部门都在该条件下反复博弈的结果为：小水电实施主动进行生态调度的策略，水行政主管部门进行主动的生态

流量管理策略。

若继续减小博弈双方的投入成本：$C_1 = 100$，$C_2 = 40$，其他参数数值暂时不变，对该假定数值进行模拟，结果如图 6.9 所示。

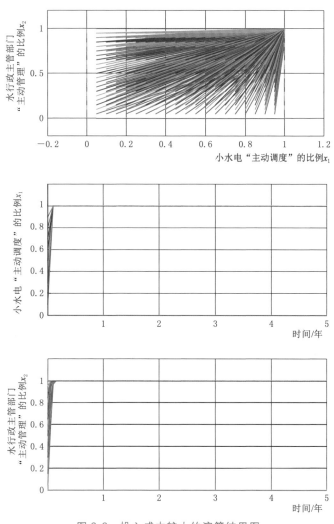

图 6.9 投入成本较小的演算结果图

图 6.9 表明，由于投入成本更少，因此收益更多，此时小水电和水行政主管部门都在该条件下反复博弈的结果为：小水电实施主动进行生态调度的策略，水行政主管部门进行主动的生态流量管理策略。和图 6.8 相比，得出：博弈双方朝向 $x_1 = 1$ 和 $x_2 = 1$ 收敛的速率明显加快。可见，在成本减小、收益增加的情形下，小水电和水行政主管部门实施主动策略的意愿更高。

增加小水电和水行政主管部门对生态流量调度、管理的成本，即 $C_1 = 600$，

$C_2 = 500$，其他参数值不变，进一步解析双方的博弈演化结果，如图 6.10 所示。

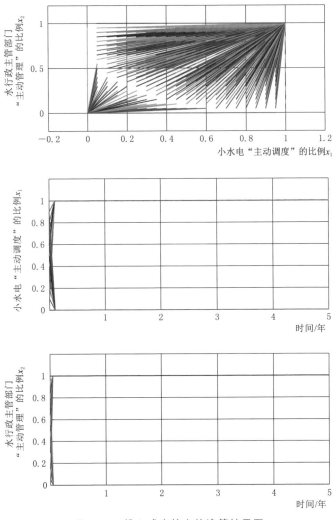

图 6.10 投入成本较大的演算结果图

图 6.10 表明随着博弈双方投入成本的增加，双方从投入成本较少、收益较多的双方完全实施主动策略下，转成中间博弈过程出现双方均实施被动的策略。根据上述赋值，得到鞍点 D 的坐标为（0.268，0.228）。此时，区域 $CDAO$ 的面积依旧远小于区域 $CBAD$ 面积，说明博弈双方实施主动策略的概率大于实施被动策略的概率。

从极限角度分析：①成本增加的上限（收入减少的下限），即 $\lim\limits_{C_2 \to \infty} \dfrac{\omega C_2 - z_2}{3\omega C_2 - b_2}$

和 $\lim\limits_{C_1 \to \infty} \dfrac{\mu C_1 - z_1}{3\mu C_1 - b_1}$ $\left(\lim\limits_{z_2 \to 0} \dfrac{\omega C_2 - z_2}{3\omega C_2 - b_2}$ 和 $\lim\limits_{z_1 \to 0} \dfrac{\mu C_1 - z_1}{3\mu C_1 - b_1}\right)$，得到鞍点 D 的坐标为 $\left(\dfrac{1}{3}, \dfrac{1}{3}\right)$，生态流量对环境影响作为重要的影响因素，因此不论成本如何增加，系统终将沿着 DB 方向演化，即小水电和水行政主管部门分别采取主动进行生态流量调度和主动实施生态流量管理策略的概率较大；②成本减少的下限，即 $\lim\limits_{C_2 \to 0} \dfrac{\omega C_2 - z_2}{3\omega C_2 - b_2}$ 和 $\lim\limits_{C_1 \to 0} \dfrac{\mu C_1 - z_1}{3\mu C_1 - b_1}$，得到鞍点 D 的坐标为 $\left(\dfrac{z_2}{b_2}, \dfrac{z_1}{b_1}\right)$，由于 $z_1 > b_1$ 且 $z_2 > b_2$，可见鞍点 D 的坐标将不再出现在博弈演化图中，即小水电和水行政主管部门不再出现被动策略，如图 6.11 所示。

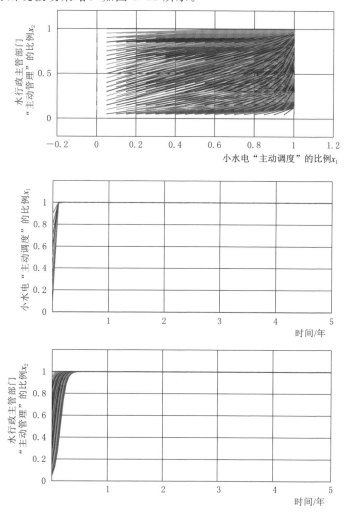

图 6.11　博弈双方投入成本均为 0 时的演算结果图

本书将结合小水电和水行政主管部门关于生态流量调度（管理）的博弈演化结果，提出相应的管理策略。

可见，由于泄放生态流量会影响小水电业主的经济利益，因此靠小水电站业主主动泄放的难度较大，生态流量落实的主管部门就是水行政部门。博弈双方的研究结果表明：当博弈双方投入的成本较小、收益较高时，博弈双方对生态流量的管理策略均以主动管理的策略为主，即小水电将主动进行生态流量的调度，水行政主管部门将对生态流量采取主动管理的策略。为了鼓励小水电进行生态流量的调度，要求电站设置相应的生态流量下泄设施的同时，对小水电给予政策的倾斜和优惠，制定相应的生态补贴政策；鼓励相关科研院所分析和量化电站下泄所需的生态流量，为水行政主管部门的管理提供理论依据。上述措施的实施，将对生态流量的管理有较大的促进和改善作用。

6.4　生态流量适应性管理

6.4.1　生态流量适应性管理的概念

适应性管理（adaptive management）最早来源于"适应性环境评价与管理"，主要是针对静态的环境评价及管理中存在的局限性问题而提出的，正式的适应性管理的概念是加拿大的生态学家 Holling 于 1978 年提出的，后来经 Walters 与 Gunderson 等的丰富与完善，逐渐形成一整套成熟的管理理论。Walters 认为适应性管理是指在可再生资源的管理中降低不确定性的过程，在 Daniel 与 John 主编的《水资源系统的可持续性标准》中对适应性管理的定义是根据整体生态环境的现状、将来可能出现的变化等方面的新信息来不断调整行动和管理方式的过程，其管理过程如图 6.12 所示。

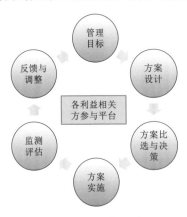

图 6.12　适应性管理过程图

适应性管理属于"边做边学"的管理过程，Walters 根据侧重点的不同，将适应性管理分为主动式适应性管理和被动式适应性管理，其中被动式适应性管理是基于掌握的信息及目前的认知水平，选定一种最佳的管理方式，然后通过长期的监测评价这种管理的成效，以监测效果的反馈情况来对管理方式进行调整；主动式适应性管理是根据当前掌握的数据资料，制定出多种管理方案，然后通过开展试验研究的方式分析各种管理方案的合理性，进而从中挑选最优的管理决策方案，否则对管理方案中各环节进行调整后重新开展试验研究。Hilborn 于 1992 年针对美国的土地管理在 Walters 的基础上提出了反馈式管理、主动式管理和被动式管理，进一步发展了适应性管理的理论。Bernard 等于 1999 年又在 Walters 与 Hilborn 研究的基础上，提出了反馈式学习、顺序式学习和并列式学习的方法。

通过对适应性管理已有概念的梳理和理解，以及生态流量管理所面临的问题，本节提出生态流量适应性管理的概念为：基于生态流量的不确定性展开式的一系列设计、规划、监测、管理等方式，保障流域生态流量的动态调整过程，目的在于保护流域的生态环境和区域的可持续发展。该管理方法和管理模式不同于传统的从行政指令出发，较少或者难以考虑不确定性问题的出现，管理之后现象突出；具有可调整性，从寻优的角度不断进行动态调整管理策略，实现保护流域的生态环境和区域的可持续发展目标。

6.4.2 生态流量适应性管理的不确定性分析

生态流量的不确定性分析，是进行适应性管理的前提。适应性管理的目的是通过科学的识别降低管理过程中的不确定性，这种不确定性主要来源于以下两大方面：河道流量变化的不确定性与生态流量管理的不确定性。

（1）河道流量变化的不确定性，受外界自然环境的自然改变（如气候变化、地震、火山、种群的迁移等）和人类活动（如人类从河道中取水、用水等）的影响。本书在第 2 章的分析中表明：①锦江流域的径流量呈丰枯交替出现特征；②锦江年均流量序列在 1998 年与 2002 年出现了变异；③在未来一段时间内锦江流域的流量序列将继续保持减少的趋势；④锦江流域的电站，目前从经济效益最大化的角度，以防洪和发电为主，暂未考虑河道生态流量的需求，锦江水库作为干流上的龙头水库，甚至出现下泄流量为零的时段，严重影响下游河道的生态系统。可见，上述结论均表明锦江流域河道流量的变化呈现不确定性，且朝向对生态流量不利的方向发展。

（2）生态流量管理的不确定性，主要受小水电对生态流量调度管理和水行政主管部门管理的影响。本章利用博弈理论，将小水电是否主动进行生态调度、水行政主管部门是否主动实施管理，进行博弈演化分析，分析结果表明：小水电进行生态调度前的初始收益、水行政主管部门进行生态流量管理前的收益、小水电进行生态调度的收益增量、水行政主管部门进行生态流量管理的收益增量、小水电进行生态流量调度的投入费用、水行政主管部门进行生态流量管理的投入费用、小水电进行生态流量调度的投入产出比、水行政主管部门进行生态流量管理的投入产出比、小水电采取主动的生态调度策略、水行政主管部门采用被动管理策略时的额外收益、水行政主管部门采用主动的管理策略、小水电采用被动生态调度策略时的额外收益，这些都是影响双方管理策略的变量。

与此同时，小水电主动调度与否和水行政主管部门是否主动进行管理的博弈行为，在"有限理性"作用下往往不可能一开始就找到最优的策略，而是在不断博弈的寻优过程中找到较好的策略。由于是在"有限理性"的框架下进行分析，双方博弈时还受到其他的随机、突发的干扰因素的影响而再次偏离在有限理性分析下的博弈轨迹。这些突发的随机的干扰因素可能与以下条件相关：人类科学、技术、理论等水平的限制造成的对生态系统认知方面的局限；经济社会的理念、政策、价值观等方面的变化；加之径流本身的不确定性、气候变化等对河道流量的影响性，以及河流上闸坝工程的修建，干支流、上下游等水利工程之间缺乏统一的管理与调度机制，人为活动进一步增大了径流过程在时间与空间上的不确定性。

与此同时，生态流量适应性管理的不确定性还与生态保护目标的不确定性、生态效益的不确定性相关。具体地：①水文情势的改变是影响河流生态系统的结构、功能和完整性变化最主要的因素，但是两者之间的关系并非是线性的，同时河流生物对水文情势变化的响应存在滞后性，如何区分出水生生物的改变是由于水文情势变化造成的还是其他因素的改变引起的是生态流量管理过程中的巨大挑战。另外，不同的水生生物对水文情势的响应是不同的，甚至可能是相反的，我国大部分河流缺乏长系列的河流生态普查或生态调查资料，因此选用何种生物作为生态流量管理中的保护目标能够最全面地反映整个生物群落的影响也存在一定的不确定性。②生态流量的泄放在实际运行时可能会与水利工程原本的防洪、供水、灌溉、航运及发电功能产生冲突，在产生冲突时，由于生态流量的泄放带来发电、灌溉等方面的损失是可以量化的，而带来的生态效益的量化却是困难的。目前在世界范围内预测和量化生态效益对流量响应的能力都是有限的，因此如何使管理者确信尤其是小水电业主相信生态效益的收益远大于经济方面的损失仍具有一定的挑战。

综上所述，生态流量管理无法采用某种固定的管理模式来保障流域生态流量，而应该采用一种动态的管理模式去适应生态流量因多种因素的影响而出现的不确定性。因此，本章尝试以博弈演化的分析结果为基础，构建为保护流域生态环境、保障流域可持续发展为目标的，具有动态性、前瞻性、预测性的生态流量适应性管理模式。

6.4.3 生态流量适应性管理模式

对于小水电来说，小水电生态流量适应性管理的实质是实现小水电的发电效益与生态效益的平衡与协调，在充分利用水能资源的同时，维持河流生态系统的健康与完整性。小水电生态流量适应性管理主要包含以下几层含义：

一是以广泛的公众参与为前提，生态流量的管理既是政府行为，更是公众行为，相关政府主管部门、小水电业主与协会、广大公众及相关领域的专家应共同参与协商，确保小水电生态流量适应性管理可以收到所有利益相关方的意见与建议。

二是以小水电所在河流的水资源禀赋为基础，分析研究可用于生态方面的最大水量。

三是以维持河流生态系统的健康发展为约束，构建水文情势与水环境、水生生物间的响应关系。

四是以长期监测为技术支撑，精心设计具有可操作性的、能切实反映水文关键生物因素的监测方案，并开展长效的监测，根据监测结果调整管理策略。

五是满足小水电的经济效益和河流的生态效益协调发展的要求，不可片面追求生态效益而完全忽略人类经济社会的需求。

小水电生态流量适应性管理的过程并不是简单地重复，而是根据效果反馈不断调整管理方案、边做边学的动态的过程。基于小水电的特点与适应性管理的流程，制定出小水电生态流量适应性管理的框架，如图6.13所示。

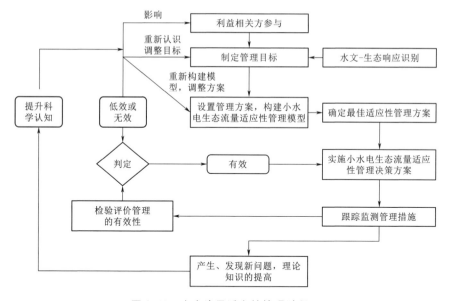

图6.13 生态流量适应性管理过程图

从图6.13可以看出，小水电生态流量适应性管理是以水文—生态响应机制为基础，从小水电下游河流生态系统的不确定性出发，主要程序包括以下几个方面：河流生态系统不确定性分析、电站下游水文-生态响应关系研究、确定生态流量泄放的目标、制定电站生态流量泄放方案、构建小水电生态流量适应性管理模型并确定泄放方案、建立监测的长效机制并实施跟踪、评价生态流量泄放方案的效果并根据反馈及时调整管理目标与措施。

国外诸多成功案例表明，实施适应性管理，即边实践边监测、边研究边调整的策略是生态流量管理的最有效方法。美国萨瓦纳河、英国肯尼特河、南非鳄鱼河、澳大利亚墨累—达令河都是适应性管理的典范，至少 15 年的时间才使生态流量真正落到实处。因此，生态流量研究方案可根据现有的认知先组织实施，然后通过实验研究、监测评价和补充研究等措施，不断地修正和完善。总之，编制科学合理、适用的生态流量实施方案通常需要一个漫长的过程，而保障该方案的不折不扣实施亦是一项不小的挑战，从生态流量的提出到完全落地是一场持久战。

6.5　小结

本章引入博弈论，创新性地将水行政主管部门对生态流量的管理和小水电对生态流量的调度管理进行了博弈分析，从理论上解析了两者的博弈演化关系，为生态流量适应性管理模式提供了依据。通过科学地制定适应性管理模式，保障了流域生态流量，推动了河流的可持续发展。研究结果表明：

（1）利用博弈演化理论，从产生的经济收益、投入大小的角度，建立了小水电经营和水资源管理之间的博弈演化模型，表明设定的八项参数均是决定小水电和水行政主管部门进行决策的主要影响因素。其中，小水电和水行政主管部门在进行生态流量的调度（管理）的投入越少、收益越大，博弈双方进行主动策略的概率越高。

（2）构建了针对生态流量保障的适应性管理流程，确定生态流量泄放的目标、制定电站生态流量泄放方案、构建小水电生态流量适应性管理模型并确定泄放方案、建立监测的长效机制并实施跟踪、评价生态流量泄放方案的效果并根据反馈及时调整管理目标与措施。

第7章　小水电开发下生态补偿

7.1　生态补偿

7.1.1　生态补偿利益群体分析

生态补偿机制是从制度角度研究生态补偿问题，对涉及其中的利益群体关系进行调整和平衡。利益相关者是指"任何能够影响或被组织目标所影响的团体或个人"[235]，利益相关者分析被广泛应用于自然资源、能源等相关的政策制定中。世界大坝委员会认为大坝的利益相关者主要包括地方政府、民间社会团体、受影响群体、专业协会、双边援助机构和多边开发银行等。亚洲开发银行认为水电开发的利益相关者包括受水电工程影响的居民、本地、省级及国家级政府官员、民间和非政府组织、国际非政府组织、国际组织和其他利益群体。水电开发的利益相关者主要包括水电开发者、受电地区的电力用户、受水地区的用水户、灌溉农户、航运受益者、防洪受益地区、旅游受益者、水电开发所在地的地方政府、居民及生态系统本身等[236]。

通过利益相关者分析，明确生态补偿的主体和对象，即明确谁补偿谁的问题，这是生态补偿机制的根本问题。按照"谁污染、谁付费，谁损害、谁补偿"的原则，生态补偿的主体是应当向他人提供生态补偿费用、技术、物资甚至劳动服务的政府机构、社会组织和个人[237]。对于流域而言，生态补偿的主体包括国家、中下游地区和上游地区自身；对于水电开发来说，生态补偿的主体包括水电开发者及水电开发的其他受益者，可能包括因航运、防洪、旅游、灌溉、发电等功能而受益的人群。生态补偿的对象是指生态环境的利益受损方或生态环境的保护者或提供者，包括政府、企业、单位和个人等。对于水电开发来说，生态补偿的对象主要包括生态环境的保护者和建设者，因水电开发而导致的利益受损者，流域生态系统本身。

生态产品的公共性，决定了政府作为公共主体参与生态补偿的必然性和重要性。政府对水电开发的生态建设和保护予以政策和财政支持，对受益对象不明确的综合功能性水能资源生态补偿，由国家承担补偿责任。除了各级政府外，各类机构组织作为另一类公共主体，主要包括由于执行政府职能或共同的公共目标而设置的非盈利性组织和在自发基础上产生的盈利或非盈利的组织机构，也承担相应的生态补偿责任和义务。不同的学者也曾用保护者、管护者、提供者等来表示补偿的主体，用受益者、使用者等表示补偿的对象。

7.1.2 生态补偿模式

7.1.2.1 政府主导模式

政府主导模式是我国生态补偿实践中最主要的模式。如我国正在实施的退耕还林（草）工程、生态公益林工程、天然林保护、"三北"防护林、京津风沙源治理、南水北调、国家重点生态功能区的生态补偿性转移支付等，均属于政府主导模式。政府主导模式一般采用财政补贴、政策倾斜、税收改革、项目实施、人才技术投入等补偿方式进行补偿，补偿对象包括地方政府、农牧民等。

目前正在开展的新安江流域生态补偿项目，中央财政于 2012—2014 年每年安排 3 亿元，安徽、浙江两省每年各安排 1 亿元，共计安排生态补偿资金 15 亿元，用于横向生态补偿机制建设。根据要求，新安江跨省断面水质要达到地表水 II 类标准，下游浙江省拨付安徽省 1 亿元，如不达标，则安徽省拨付浙江省 1 亿元。通过开展生态补偿试点，新安江水质得到改善，下游千岛湖富营养化状态逐步得到改善，目前安徽、浙江两省继续推进流域上下游横向生态补偿工作。

财政部、环境保护部自 2015 年起还重点推进了在广西广东九洲江、福建广东汀江-韩江、江西广东东江流域三个跨流域生态补偿试点工作。2016 年 3 月，广东省与福建省签订了《关于汀江-韩江流域上下游横向生态补偿的协议》，根据协议，广东、福建两省各出资 1 亿元，设立 2016—2017 年汀江-韩江流域水环境补偿资金，资金实行"双向补偿"原则，当汀江上游来水水质稳定达标或改善时，由广东拨付资金至福建，当水质恶化，则福建补偿广东。

2016 年 10 月，广东省与江西省签订了《东江流域上下游横向生态补偿协议》，广东、江西两省每年各出资 1 亿元，设立东江流域水环境横向补偿资金，要求跨界断面水质年均值达到 III 类水标准并逐年改善，生态补偿期限暂定三年。2016 年 3 月，广东省人民政府、广西壮族自治区人民政府签订了《九洲江流域水环境补偿的协议》，两省（自治区）每年各出资 1 亿元，共同设立 2015—2017 年九洲江流域生态补偿资金，要求跨广西广东省界断面水质达到地表水Ⅲ类标准。

2019 年 1 月，广东省人民政府、广西壮族自治区人民政府继续签订了九洲江流域上下游横向生态补偿协议（2018—2020 年），两省（自治区）继续每年各出资 1 亿元，制定横向生态补偿实施方案明确资金拨付方式。协议明确以九洲江流域的山角断面作为考核监测断面，断面水质年均值要达Ⅲ类水质标准，断面水质月均值达标率在 2018 年、2019 年、2020 年要分别达到 75％、83％和100％，考核指标主要包括 pH 值、高锰酸盐指数、氨氮、总磷、五日生化需氧量 5 项，以此推动九洲江流域水环境质量持续改善。

这是我国近年来最有代表性的跨流域横向生态补偿案例，其补偿资金一般是通过省级、地市级政府财政资金专项转移支付，对推进全流域生态环境保护与经济社会协调可持续发展具有十分重要的意义。政府采用财政转移支付的方式进行生态效益成本的补偿，具有体系化、层次化和组织化的优点，可有效降低区域之间资源配置和开发中的交易成本。在此基础上，强化政府信息公开发布，信息对称、外界执行的强制力等原因，使有可能的非合作博弈变成合作博弈。但是以政府主导为主的生态补偿模式，其也存在诸如补偿对象选择过程不充分、补偿标准不灵活、补偿效率较低、补偿政策的可持续性还有待提高等问题[238-239]。

7.1.2.2 市场化模式

市场化模式是通过市场化途径进行生态补偿的模式，在产权清晰、信息对称等前提条件下，具有运行效率高、灵活等特点。西方国家多实行以市场化模式进行生态补偿，我国的市场补偿机制还不成熟，随着对生态服务功能认识地深入、产权制度的日益清晰、法律法规体系的不断完善，市场化模式将发挥日益重要的作用。市场化模式主要包括以下几种形式：

（1）产权交易制度。包括水环境排污权交易、水权交易等。在水环境排污权和水权交易市场上，任何市场主体均可以按照卖家最低价和买家最高价相符时成交的交易规则进行产权交易，包括政府。以水权交易为例，其最大限度地提高了水资源的利用效率，且交易双方通过谈判达成协议，责任和义务清晰，易于执行。

（2）一对一的市场交易。交易双方都比较明确，只有一个或少数潜在的买家、卖家。交易双方直接谈判，或者通过中介来确定交易的具体条件。

（3）生态标志认证。生态标志认证是通过对采用生态环境友好方式生产的产品提供可信的认证服务，间接获得补偿的生态补偿方式。如瑞士对通过绿色水电认证的水电站视作"绿色电力"，在售电价格上予以上调，消费者自愿选择购买绿色电力。如我国正在实行的可再生能源绿色电力证书，许多企业积极认购绿色证书，消费绿色可再生能源电力。

7.1.2.3 准市场模式

准市场模式介于政府主导模式和市场化模式之间，其往往是在自愿协议的基础上，通过采取资金补偿、对口协作、产业转移、智慧补偿等形式建立补偿关系，实现生态建设区域和受益区域之间动态博弈，比较适合生态建设区、受益区能较容易划分的流域上、下游之间的生态补偿。如我国慈溪-绍兴之间的水权交易等可以作为准市场模式成功的案例。

7.1.3 生态补偿方式

生态补偿方式主要包括政策补偿、资金补偿、实物补偿、项目补偿、智力补偿、移民补偿等方式[145]。

（1）政策补偿。政策补偿是指上级政府对受补偿地方政府的权利和机会进行补偿[238]。生态补偿政策可以分为强制型政策和激励型政策两类。强制型政策主要包括相关法律法规、技术标准、管理制度等；激励型政策包括价格激励、产权激励、责任激励等。比如对落实生态补偿政策的企业予以财政补贴制度、税收、价格优惠等政策。环保电价是目前运行比较成熟的补偿方式。2007 年起，国家发展改革委、环保总局对安装脱硫设施的新（扩）建燃煤机组实行加价政策，对完成脱硫改造的机组实行在现行上网电价基础上每千瓦时提高 1.5 分，并对机组安装在线监测系统，实行实时监测，极大地鼓励了燃煤电厂脱硫改造的积极性。2011 年 11 月起，国家发展改革委等执行脱硝电价政策，完成脱硝改造后燃煤发电机组在现行电价的基础上每千瓦时加价 0.8 分，以补偿企业脱硝成本。脱硫、脱硝环保电价政策在调动企业减排积极性、落实节能减排政策等方面发挥了重要的作用。

参照环保领域设定脱硫脱硝环保电价的做法，福建省实行了水电站生态电价政策。2016 年 1 月，福建省永春县对卿园、五一水库一级、二级等 3 宗水电站实施生态运行，包括枯水期停止发电，径流量全部回归河道或汛期以蓄水为主，枯水期发电，保证下游河道生态蓄水。对因电站运行方式转变而导致的发电量减少，在原上网电价基础上每千瓦时提高 0.05 元，是国内第一个正式获得审批的生态电价，为利用电价机制推动河流生态修复、落实生态流量提供了新的思路。2017 年，福建省出台了《福建省人民政府关于发挥价格机制作用促进国家生态文明试验区（福建）建设的意见》，明确提出要推行水电生态电价机制，推动水电生态转型升级。这是我国首个涉及水电生态电价的政策文件，为推动后续水电行业落实生态环境保护措施具有重要的借鉴意义。

（2）资金补偿。资金补偿是生态补偿实践中应用最多的补偿途径。常见的方式包括财政转移支付、减免税费、优惠信贷、补贴、贴息等，政府资金往往在生态补偿机制中发挥着主要的作用。政府、水电开发者或受益者以直接或间接的方式向生态补偿利益群体中为生态环境保护做出牺牲和承担风险的政府、企业、单位和个人提供资金支持，以经济手段补偿生态环境损害所带来的经济及资源损失，恢复、改善生态系统的功能。

（3）实物补偿。实物补偿包括无偿性的实物补偿和有偿性的实物补偿。有偿性的实物补偿是以实际支付劳动报酬和实物购置的多少为补偿的价值金额计量[145]。常见的实物补偿方式包括生态建设和保护工作中推行的以工代赈、约定优惠电价、修建鱼类增殖站等。如广东省20世纪90年代前建设的水电站，部分是由当地农民投资投劳形式建设，建成后大多水电站都以优惠电价或优惠电量对当地农民给予补偿。同时，一些水电站在库区移民安置时，与村庄签订了优惠电价协议，村民可一直使用优惠电价或优惠电量。如雷州青年运河管理局，每年给广西移民提供优惠用电约200万kW·h，优惠电价约0.045元/（kW·h）。如广东省贺江流域贺江电力公司每年参与封开县农业局、渔政大队等实施的贺江增殖放流活动，投放如广东鲂、"四大家鱼"等各种鱼苗，以改善水电开发对贺江鱼类资源的影响。

（4）项目补偿。项目补偿是指通过实施一些建设项目，达到落实生态环境保护政策、实施生态闭环目的的方式。常见的项目包括生态移民项目、退耕还林项目、库区水质净化项目、流域重点生态保护区发展项目等。

（5）智力补偿。指通过提供技术咨询、技术指导、人才培训、人才直接输入等方式，实现对被补偿地区进行补偿的目的。比如常见的就业技能培训、创业培训、职业培训和学历教育支持等。

（6）移民补偿。移民安置是移民补偿的一种特殊形式。常见的安置方式包括：一次性货币安置、重新择业安置、农业生产安置、入股分红安置和异地移民安置、养老保险安置等。

水电开发生态补偿方式一般要结合具体的水电项目来进行选择，其根本目的在于促进能源、地方经济和生态环境保护之间关系的平衡，在实施生态补偿的同时，应着力于促进水电产业转型升级，推动地方经济发展。

7.1.4 生态补偿标准

生态补偿标准是生态补偿实践中最受关注的问题。补偿标准往往基于生态系统服务价值评估、生态保护及机会成本，并受利益相关者的支付意愿、受偿意愿、社会经济发展水平、人类对河流生态环境保护工作的重视程度等因素影响。水电开发生态系统服务价值可以为生态补偿提供重要的参考依据，但往往受制于利益相关方中受益方的支付意愿，如果超过支付意愿，生态补偿往往难以达成。在有限资金的约束下，为获取最大的环境效益，必须要确定合适的生态补偿标准，直接关系到补偿的效果和可操作性。

水电开发生态补偿在哥斯达黎加、巴西、越南等多个国家均有实践案例，我国比较典型的水电开发生态补偿案例分布在福建九龙江[240]、四川雅砻江[241]、岷江杂谷脑河[242]等。福建九龙江 3 宗电站的环境成本为 0.206 元/(kW·h)，约为上网电价的 3/4；杂谷脑河流域生态系统水电服务价值为 1778 元/hm²。

结合水电开发对河流生态系统的影响分析及水电开发对河流生态系统服务效应评估，生态补偿标准可以以生态系统服务价值评估为依据，结合成本效益分析、支付意愿等因素来确定。

综上所述，生态补偿框架主要包括以下几个方面：法规政策、补偿原则，补偿的主客体分析，补偿模式、补偿标准，补偿实施方式，效果评价体系等，如图 7.1 所示。

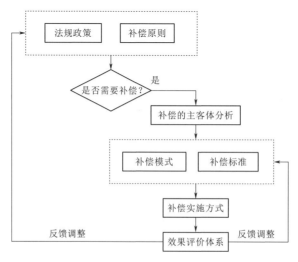

图 7.1　生态补偿政策框架

7.2　生态补偿政策法规体系

我国早期水电开发的补偿主要体现在对水库移民、淹没土地、库区植被恢复、鱼类增殖放流等方面，而对于地区之间、流域上下游之间的生态补偿及其具体措施考虑较少。近年来，生态补偿观念已经深入人心，要确保水电开发生态环境保护措施的落实，必须要加强生态补偿政策研究，完善生态补偿政策法规体系，内化环境外部性，调整利益相关者之间的关系，实现水电开发社会经济、生态环境的可持续发展，保护河流生态系统。

7.2.1　推进生态补偿法制化建设

在已有的流域生态补偿机制、生态恢复责任制度等基础上，由国家层面推进生态补偿法律法规和相关制度的制定，完善制度设计，强化相关法律法规的研究，进一步明确生态补偿的责任、义务，推进生态补偿建设走向法制化和制度化，使生态补偿机制的运行具有法律效力。借鉴水电发达国家的经验，设立国家层面的水电开发生态补偿专项基金，用于生态环境保障措施、效应评估等关键问题的研究，为完善生态补偿机制提供坚实的法律依据。

7.2.2　完善生态补偿政策

7.2.2.1　鼓励性的发展政策

政策是水电发展的生命线，纵观水电发展历史，每一阶段的发展都与社会经济发展环境、关键性政策支持等有着紧密的关系。水电生态补偿政策涉及面广，与企业、流域上下游等密切相关，要取得实效，不能只依靠业主自愿或政府强制，应立足长远，强化政策的引导作用。一方面要积极设立水利水电生态补偿专项基金，为可能迟发的生态破坏预留经费，也为开展生态补偿机制相关的重点问题研究提供经费保障；另一方面要继续完善中央、省级、地方各级的财政补助机制，发挥财政资金的杠杆作用。

同时，要积极推动动态、科学的小水电上网电价机制的建立，将生态保护和修复治理的成本纳入电站的成本核算体系。通过价格的杠杆作用，鼓励企业自觉落实生态保护措施，引导小水电站业主积极主动贯彻落实绿色发展要求，形成可持续的良性的发展模式。作为可再生能源，目前全国多数省份的水电上网电价偏低，以小水电为例，平均上网电价 0.33 元/(kW·h)，是风电电价的 1/2、光伏电的 1/3、火电的 3/4。上网电价相对较低，为构建生态电价机制提供了空间。

7.2.2.2　税收优惠政策

自 1994 年起，我国开始对水电行业执行一定的税收优惠政策，如针对小型水电站实行 6% 的增值税率、33% 的所得税，不同的地方通过采取全部或部分税收返还等政策来鼓励水电发展。2014 年 3 月，财政部、国家税务总局以财税〔2014〕10 号文出台大型水电企业增值税税收优惠政策，2014 年 6 月 18 日，以财税〔2014〕57 号文将小水电增值税征收率统一下调为 3%。为更好地落实水电开发生态保护措施，落实现行的税收优惠政策，研究水电工程增值税、企业所得税地方分配比例，倾斜用于生态环境保护措施，帮助水电行业转型升级。

7.2.2.3　信贷融资政策

通过与金融机构合作，在充分挖掘利用水电产业现有规模资产的基础上，加强水电企业投融资渠道建设，为水电企业自身发展、跨行业发展提供资金支持。对于生态效益明显的水电站，研究优惠的贷款利率政策。

7.2.3　完善生态补偿标准

生态补偿机制的建立，必须要以合理的生态价值评价体系为基础，要加快建立水电开发生态价值核算评估体系，探索开展河流生态服务价值评估工作，完善河流分类及专项评估方法，制定水电领域生态补偿分类标准；建立生态补偿标准动态调整机制及补偿效益评估机制。将环境治理和生态恢复费用纳入水电开发的生产成本，形成可持续的水电开发价格核算体系；要建立能够反映生态修复成本的动态的补偿制度，反映出生态环境损害的累积效应、整体效应和长期效应，实现生态补偿标准的动态化调整；同时，结合具体流域和具体工程情况，开展有代表性的水电开发生态补偿试点，总结水电开发领域的生态补偿标准、补偿方式、补偿内容等。

7.2.4　建立多样化的生态补偿模式

建立健全水电开发市场化的生态补偿机制，创造良好的市场交易环境，对交易双方的条件、限定范围、时间、数量、质量、区位条件做出明确的规定，制定可操作的制度规定，强化水电企业生态环境信息公开，逐步完善市场交易的评估机制、监督机制与惩罚机制。同时，结合清洁能源机制建设，积极探索碳汇交易及水电生态标志认证等市场化补偿模式。

7.3　小水电绿色发展政策研究

目前，许多国家都建立起了绿色水电认证制度，如瑞士的"绿色水电"认证、美国的"低影响水电"认证制度[243]、国际水电协会的"水电可持续评估"[244]等，我国也建立起绿色小水电评价制度，通过生态环境、社会、管理、经济4个方面、21个指标来评价电站是否为绿色小水电站[245]。截至2021年年底，我国已经评出870宗小水电站为绿色水电站，已经建立起我国绿色水电评价机制。但是，我国有4.5万宗水电站，绿色水电站的比例仅为1.9%，一些水电企业参加绿色水电评价或实施生态改造的积极性并不高，为鼓励水电企业参与绿色水电评价，积极落实生态环境保护措施，必须配套建立起相关的激励机制。

7.3.1　以绿色发展理念制定水电技术标准

以瑞士、瑞典、美国等水电发达国家为例，普遍高度重视技术标准对水电绿色发展的引领作用，我国在绿色小水电评价方面取得了一定的进展，但是绿色发展理念在一些地区还没有得到全面落实，原因之一是技术标准滞后。应逐步推动现行技术标准的修订工作，如将生态流量泄放设施改造、生态流量监测、生态调度技术等规定，纳入水电站的规划、设计、建设、运行等报告和条文中。

7.3.2 将绿色水电发展要求纳入监管体系

美国联邦能源管制委员会根据环境保护需要适时更新水电业务许可审批要求，对我国具有很好的借鉴意义。例如对新建小水电项目，可以按照现行法律法规要求，在项目核准（审批）和涉水行政许可等环节，进一步强化对水电站的取水要求和生态需水保障情况的审查。对在建小水电项目，在验收阶段严格把关。对已建小水电项目，开展厂坝间河段生态需水保障情况监督检查，对不满足生态需水要求的电站提出整改要求。

7.3.3 形成绿色水电创建激励机制

我国现行的水电上网电价执行政府定价，可借鉴国外绿色水电认证"技术评估＋达标奖励"的思路，对通过绿色水电评价的水电站在上网电价等方面给予一定的激励政策，如在生态电价、优惠税收、绿色信贷、环境责任保险等方面，引导水电站业主自觉落实绿色水电建设要求，降低水电对生态环境的负面影响。下一步，随着我国电力体制改革的逐步深入，绿色电力市场逐渐成熟，推动水电纳入可再生能源开发利用目标考核体系，也可以建立绿色水电认证机制，实行绿色水电的完全市场化交易，提倡全社会开展绿色消费。

7.3.4 推动绿色水电与旅游等产业融合发展

积极鼓励有条件的电站改变资源的利用属性，结合旅游、供水等综合功能，实现产业延伸，发挥资源利用的高附加值属性；利用新形势下大众对美好生态环境的需求，鼓励电站开拓生态化经营模式，将旅游、供水、生态多样化等经营资源进行整合，增强自身实力，促进水电发展形成良性循环模式。

促进水电建设与旅游开发的融合发展。充分利用电站所在地区风景名胜资源和电站自身的资源，积极创建水利风景区，推动绿色水电旅游建设；对各级水利风景区内已建水电站，按照风景区建设的各项要求，开展景观化改造；培养绿色水电旅游专业人才，对水电站建设历程、工作原理、在经济社会发展中的重要地位等进行普及讲解和宣传，提高社会对绿色水电作为清洁可再生能源的认识。

7.3.5 建立水电生态环境监测体系

为客观评价水电开发对河流生态环境产生的影响，确保电站各项生态环境保护措施取得实效，必须开展生态环境监测，实施全过程管理，建立长期有效的监测体系。生态环境监测是生态环境保护的基础，但我国目前水电工程的生态环境监测体系还比较薄弱，尤其是小型水电站，较少开展生态监测，对生态流量的泄放情况和效果缺乏跟踪监测，对鱼类、浮游和底栖动物、浮游植物和高等植物等的监测仅是短期性质的监测。没有有效的生态环境监测体系，不仅难以准确评估水电开发对河流生态系统的长期影响，而且难以掌握各项生态保障措施的实施效果，不利于河流生态环境保护反馈机制的形成。

生态环境监测体系应包括：水文水资源、生物状况、水环境等各项监测指标。通过对所在河流的生态系统指示物种或重要水生生物资源开展监测，建立起水文情势-生态关系，识别出水文情势的改变程度与生态退化程度之间的关系，从而确定生态流量标准，调整水利水电工程的运行方式，改进生态环境保护措施和管理机制，实现水电开发与生态环境保护之间的良性循环。

近年来，随着互联网信息技术的发展，生态环境监测技术标准等在迅速完善中，应尽快统一监测技术标准、信息发布规范等，形成完整的、系统的水电工程生态环境数据库，为进一步科学研究提供基础数据和技术支撑。

7.3.6 推动环境综合整治和生态修复

以绿色发展理念为指导，积极转变规划思路，从过去强调水能充分利用转变为有限、有序、有偿开发，从强调发电功能转变为更加重视综合利用和生态环境保护。按照河流功能要求，组织开展河流水能资源开发规划回顾性评价或后评价，积极实施环境综合整治和生态修复工程。

7.4 小水电退出政策研究

我国小水电站多建于 20 世纪 90 年代，迄今已运行超过 25 年，一些早期建设的工程设计标准低、建设质量较差，经过多年运行后，许多水电站存在泄洪设施破损、挡水和引水设施失修、压力管道老化锈蚀以及发电设备老化、机组效率低等问题，以广东省为例，1995 年以前建成投产的小水电站约占电站总宗数的 40%。再加上我国一些早期开发的电站，在设计、建设、运行等阶段均未考虑生态流量，没有生态流量泄放水设施和监测设施，造成枯水期下游厂坝间河道出现减脱水现象，引起社会的广泛关注。同时，我国东部地区水能资源开发早，水能资源开发率偏高，布局却不够合理，以上这些问题使得对电站退出机制的建立极为迫切，有必要进一步加强研究力度。水电退出机制包括一套完整的退出程序，从业主申请报废、编制报废处理方案、组织实施报废处理措施、善后，再到建立长期的生态环境影响监测评估体系等过程。

2003 年 5 月，水利部颁布了《水库降等与报废管理办法（试行）》（水利部令第 18 号），规定了大坝符合降等与报废的条件，为水库大坝的报废退役提供了参考。2013年10月，水利部发布了《水库降等与报废标准》（SL 605—2013），明确规定了水库予以报废的条件。上述办法和标准，分别从行政规章和技术准则两个方面规范了水库的降等与报废工作。就水电站来说，2014年，我国发布了《小型水电站机电设备报废条件》（GB/T 30951—2014），重点规定了小型水电站机电设备报废的条件，适用范围为装机容量为500～50000kW且水轮机转轮直径在3.3m以下的小型水电站机电设备。此范围仅从机电设备的技术层面考虑，适用范围有限。从实际执行情况来看，上述办法和标准仅从技术层面上规范了降等和报废工作，操作性不强，在执行过程中面临以下问题：

（1）目前的报废退出工作均由业主主动提出申请，在实际操作中，除非出现以下情况：①经济效益极差，技术改造或修复不经济；②工程被地震、洪水、泥石流等自然灾害严重损毁，无恢复利用价值；③因河流水文情势变化或功能改变，毫无利用价值；④根据《水库大坝安全鉴定办法》《农村水电站技术管理规程》等规定，电站水库大坝或机电设备被定为三类且经济技术论证不可行等，否则业主一般不会主动提出报废申请。

（2）资金落实困难。电站设备或大坝的拆除工作需要大量的资金投入，包括论证拆除方案、拆除具体实施、生态修复等均由电站业主负责，积极主动性不高；而属于国有的水库大坝，报废拆除工作由水行政主管部门负责，往往缺乏资金来源，难以承担相关的费用，大量属于乡镇层面管理的小水库、小水陂等，地方政府的资金筹措手段更为有限，导致尽管有电站或水库大坝需要报废，但难以在现有的政策框架内办理退出手续。

（3）目前的电站退出多侧重从工程安全、技术性能、经济效益等角度考虑，从生态环境角度考虑较少。我国针对电站报废拆除对生态环境影响的研究才刚刚起步，尤其是在中长时间尺度上对河流水生生态系统、生态环境等方面的影响预测评估尚未开始。

（4）水库大坝多属于国有资产，而电站则多属于私人资产，按照既定的程序对电站设备或大坝报废拆除后，土地资源仍未到使用期限，业主仍具有使用权，按照现行物权法的规定，难以妥善处理。

随着2021年广东省人民政府印发《广东省小水电清理整改实施方案》，需要对全省生态环境问题突出的电站分类提出退出、整改、保留的意见，今后因生态环境原因而退出的电站将会大量增加。而电站退出是一项政策性和技术性都极强的工作，涉及报废的程序、标准，善后工作的程序、实施主体，对生态环境的影响评估，后期生态修复等多方面的问题，不仅仅是技术层面的设备报废、工程拆除，也涉及生态环境、社会经济、人文等众多领域，需要谨慎对待。构建电站退出机制，需要重点关注以下问题：

（1）加快制定水电站报废办法、拆除办法等，规范报废、拆除等退出程序，强化对报废拆除等后续处理措施的监管，督促相关责任主体落实处理措施，加强后期管理、后评价工作，多角度完善水电站退出机制，从电站规划、建设、运行到退出形成完整的闭环。

（2）加强对水电站退出相关技术标准、评价方法等的研究，重点加强水电站报废拆除方案论证、长期环境影响评价方法和标准、遗留问题处理方法等内容的研究，切实增强电站退出的可操作性。

（3）高度重视电站及其附属水库大坝拆除过程中的安全，减轻拆坝对生态环境的二次干扰，强化拆除前、拆除后的河流生态环境影响对比分析，加强对河流生态环境监测和影响评估。选择典型的电站开展试点研究，重点评估指标包括河流水文情势、水质、淤积物输移、鱼类等水生生物群落、植被、珍稀物种、景观资源等。

（4）积极拓宽电站退出筹资与融资渠道，制定由政府、企业、群众等共同参与的资金筹措机制，多渠道筹集资金。以福建南平市为例，受中央生态环境保护督察工作影响，2016—2017 年，南平市明确要求南平市所辖县从 2017 年开始到 2019 年年底，将装机容量 100kW 及以下的小水电站全部退出，退出电站按多年平均发电量予以适当补助，补助标准按不超过 1 元/（kW·h）计，由各县（市、区）人民政府核定后落实资金经费。其他因生态环境等原因强制要求退出的电站，需要结合电站本身的合法性、运营时间、环境影响程度、生态修复措施难易程度等因素，综合评估核算退出所需的费用。

（5）科学论证电站的退出方案。水电站的报废拆除分为部分拆除和全部拆除，部分拆除仅拆除机电设备，保留大坝结构并采取修复措施；而全部拆除则包括拆除闸坝等挡水建筑物，封堵取水口，复原相关工程区，彻底消除对河流阻隔、流量下泄等影响。对于报废拆除方案，需要由专家组予以科学论证，如拆除现有闸坝会对河流自然生态环境产生较大的二次破坏，则应在论证的基础上予以保留，并制定后续的防洪安全应对方案、生态修复方案等。

7.5 小结

本章重点探讨了水电开发的生态补偿政策框架体系，主要包括生态补偿的利益相关者分析、补偿模式、补偿方式、补偿标准、补偿政策等，并就如何推动水电可持续发展，研究提出了绿色发展及退出政策，为未来水电行业持续健康发展提供了一定的依据。

参 考 文 献

［1］ 孙刚，盛连喜，周道玮，等. 胁迫生态学理论框架（上）：受胁生态系统的症状［J］. 环境保护，1999（7）：37－39.

［2］ Sun X，He S，Guo Y，et al. Comprehensive evaluation of the impact of the water conservancy project in on the ecosystem of the Yangtze River Basin［J］. Journal of Coastal Research，2019，94（spl）：758.

［3］ 王灿发. 跨行政区水环境管理立法研究［J］. 现代法学，2005（5）：130－140.

［4］ 牛文娟，王慧敏，牛富. 跨界水资源冲突中地方保护主义行为的演化博弈分析［J］. 管理工程学报，2014（2）：70－78.

［5］ 罗慧，万迪昉，刘旻. 基于复杂性的黄土高原生态可持续发展的随机动态规划与博弈分析［J］. 管理工程学报，2004（2）：52－57.

［6］ 中国政府网. 四部委联手部署长江经济带小水电清理整改［J］. 长江技术经济，2019，3（1）：54.

［7］ Caissie D，El－Jabi N. Comparison and regionalization of hydrologically based in stream flow techniques in Atlantic Canada［J］. Canadian Journal of Civil Engineering，1995，22（2）：235－246.

［8］ Oglesby R T. River ecology and man［M］. New York：Academic Press，1972.

［9］ Tennant D L. Instream flow regimens for fish，wildlife，recreation and related environmental resources［J］. Fisheries，1976，1（4）：6－10.

［10］ Conder A L，Annear T C. Test of weighted usable area estimates derived from a PHABSIM model for instream flow studies on trout streams［J］. North American Journal of Fisheries Management，1987，7（3）：339－350.

［11］ Nienhuis P H，Leuven R S E W，Ragas A M J. New concepts for sustainable management of river basins［M］. Backhuys Publishers，1998.

［12］ Gore J A，Petts G E. Alternatives in regulated river management［M］. Florida：CRC Press，1989.

［13］ Gleick P H. Water in crisis：Paths to sustainable water use［J］. Ecological Applications，1998，8（3）：571－579.

［14］ Rashin P D，Hansen E，Margolis R M. Water and sustainability：Global patterns and long－range problems［J］. Nature Research Forum，1996，20（1）：1－15.

［15］ Baird A J，Wilby R L. Eco－hydrology：Plant and water in terrestrial and aquatic environments［M］. London and New York：Routledge Press，1999：78－156.

［16］ Whipple，Du Bois，Grigg. A proposed to coordination of water resource development and environmental regulations［J］. Journal of the American Water Resources Association，1999，35（4）：713－716.

［17］ 王西琴，刘昌明. 生态及环境需水量研究进展与前瞻［J］. 水科学进展，2002，13（4）：

507 - 514.

[18] 方子云. 水资源保护工作手册 [M]. 南京：河海大学出版社，1988.

[19] 汤奇成. 塔里木盆地水资源与绿洲建设 [J]. 自然资源，1989，6：28 - 34.

[20] 徐选华，曹静. 大型水电工程复杂生态环境风险评价 [J]. 系统工程理论与实践，2012 (10)：129 - 138.

[21] 王西琴，刘昌明，杨志峰. 河道最小环境需水量确定方法及其应用研究（Ⅰ）——理论 [J]. 环境科学学报，2001，21 (5)：544 - 547.

[22] 钱正英，张光斗. 中国可持续发展水资源战略研究综合报告及各专题报告 [M]. 北京：中国水利水电出版社，2001.

[23] 夏军，郑冬燕，刘青娥. 西北地区生态环境需水估算的几个问题研讨 [J]. 水文，2002，22 (5)：12 - 17.

[24] 严登华，何岩，邓伟，等. 东辽河流域坡面系统生态需水研究 [J]. 地理学报，2002，57 (6)：685 - 692.

[25] 钟华平，刘恒，耿雷华，等. 河道内生态需水估算方法及其评述 [J]. 水科学进展，2006，17 (3)：430 - 434.

[26] 苏飞，陈敏建，董增川，等. 辽河河道最小生态流量研究 [J]. 河海大学学报（自然科学版），2006，34 (2)：136 - 139.

[27] 张强，崔瑛，陈永勤. 基于水文学方法的珠江流域生态流量研究 [J]. 生态环境学报，2010，19 (8)：1828 - 1837.

[28] 邵东国，穆贵玲，易淑珍，等. 基于水域面积法的山区河流水电站下游生态流量定值研究 [J]. 环境科学学报，2015 (9)：2982 - 2988.

[29] 徐伟，董增川，罗晓丽，等. 基于改进 7Q10 法的滦河生态流量分析 [J]. 河海大学学报：（自然科学版），2016，44 (5)：454 - 457.

[30] 刘铁龙，刘艳，汪雅梅，等. 考虑径流年内均匀度的生态流量计算方法研究 [J]. 西安理工大学学报，2020 (2)：188 - 196.

[31] 郑志宏，张泽中，黄强，等. 生态需水量计算 Tennant 法的改进及应用 [J]. 四川大学学报（工程科学版），2010，42 (2)：34 - 39.

[32] Boner M C, Furland L P. Seasonal treatment and variable effluent quality based on assimilative capacity [J]. Journal Water Pollution Control Filed, 1982, 54：1408 - 1416.

[33] Caissie D, Ei - Jabi N, Bourgeois G. Instream flow evaluation by hydrologically - based and habitat preference (hydrobiological) techniques [J]. Rev Sci Eau, 1998, 11 (3)：347 - 363.

[34] Matthews R C, Bao Y. The texas method of preliminary instream flow determination [J]. Rivers, 1991, 2 (4)：295 - 310.

[35] Dunbar M J, Gustard A, Acreman M C, et al. Overseas approaches to setting river flow objectives. R and D Technical Report W6 - 161 [C]. Environmental Agency and NERC, 1997.

[36] Richter B D, Jeffrey V B, Powell J, et al. A method for assessing hydrologic alteration within ecosystem [J]. Conservation Biology, 1996, 10 (4)：1163 - 1174.

[37] Conservancy N. Indicators of hydrologic alteration. version 7.1. user's manual [R]. The Nature Conservancy, 2009.

[38] 张洪波，王义民，黄强. 基于 RVA 的水库工程对河流水文条件的影响评价 [J]. 西安理工大学学报，2008，24（3）：262－267.

[39] Nestler J M, Milhous R T, Layzer J B. Instream habitat modeling technique [C]//Gore J A, Petts G E, eds. Alternatives in Regulative River Management. Boca Raton：CRC Press，1989：295－315.

[40] 吴朱昊. R2CROSS 方法在南方中小型河道生态流量计算中的适用性和优化讨论 [J]. 中国农村水利水电，2021（4）：113－119.

[41] Mosely M P. The effect of changing discharge on channel morphology and instream uses and in a braided river, Ohau River, New Zealand [J]. Water Resources Researches，1982，18：800－812.

[42] Poff N L, Richter B D, Arthington A H, et al. The ecological limits of hydrologic alteration (ELOHA)：a new framework for developing regional environmental flow standards [J]. Freshwater Biology，2010，55（1）：147－170.

[43] Vörösmarty Charles J, Sharma Keshav P, Fekete Balázs M, et al. The in aging and storage of reservoir systems large continental runoff of the world [J]. Ambio，1997，26：210－219.

[44] Graf, William L. Dam nation：A geographic census of American dams and their large－scale hydrologic impacts [J]. Water Resources Research，1999，35（4）：1305－1311.

[45] Karr, James R. Biological integrity：A long－neglected aspect of water resource management [J]. Ecological Applications，1991，1（1）：66－84.

[46] Hahn G L, Mader T L, Eigenberg R A. A global perspective on environmental flow assessment：emerging trends in the development and application of environmental flow methodologies for rivers [J]. River Research and Applications，2003，19（5－6）：397－441.

[47] Murchie K J, Hair K P E, Pullen C E, et al. Fish response to modified flow regimes in regulated rivers：Research methods, effects and opportunities [J]. River Research and Applications，2008，24（2）：197－217.

[48] Whitton B A. River ecology [M]. California：University of California Press，1975.

[49] Battle J M, Mihuc T B. Decomposition dynamics of aquatic macrophytes in the lower Atchafalaya, a large floodplain river [J]. Hydrobiologia，2000，418（1）：123－136.

[50] Muth R T, Crist L W, LaGory K E, et al. Flow and temperature recommendations for endangered fishes in the Green river downstream of Flaming Gorge dam [J]. Upper Colorado Ricer Endangered Fish Recovery Program，FG－53，2000，1－344.

[51] Saito L, Johnson B M, Hanna J B B. Assessing ecosystem effects of reservoir operations using food web－energy transfer and water quality models [J]. Ecosystems，2001，4（2）：105－125.

[52] Duel H, Lee G E M V D, Penning W E, et al. Habitat modelling of rivers and lakes in the Netherlands：An ecosystem approach [J]. Canadian Water Resources Journal，2003，28（2）：231－247.

[53] 郝增超，尚松浩. 基于栖息地模拟的河道生态需水量多目标评价方法及其应用 [J]. 水利学报，2008（5）：49－53.

[54] Cooper T A, Canter L W. Documentation of cumulative impacts in environmental impact statements [J]. Environmental Impact Assessment Review, 1997, 17 (6): 385 - 411.

[55] Hunsaker C T. Assessing ecological risk on regional scale [J]. Environment Management, 1990, 14: 325 - 332.

[56] Morris P. Methods of environmental impact assessment [M]. London: UCL Press, 1995.

[57] Lamb B L. Quantifying instream flows: matching policy and technology. Instream Flow Protection in the West [M]. Covelo C A: Island Press, 1989: 23 - 29.

[58] 张叶, 魏俊, 黄森军, 等. 基于湿周法的济南山区中小河流生态流量研究 [J]. 人民黄河, 2022, 44 (1): 89 - 93.

[59] Bovee K D. A guide to stream habitat analyses using the incremental methodology [A] // Information and technology report [C]. USGS BRD ITR 1998 - 0004, US Fish and Wild wife Service, Office of Biological Services, 1998.

[60] 徐志侠, 陈敏建, 董增川. 河流生态需水计算方法评述 [J]. 河海大学学报, 2004, 32 (1): 5 - 9.

[61] Barbour M T, Faulkner C, Usepa B. Rapid bioassessment protocols for use in streams and rivers: benthic macroinvertebrates and fish. EPA - 444/4 - 89 - 001 [J]. Qualidade Da gua, 1989.

[62] 张洪波, 俞奇骏, 王斌, 等. 径流还原计算中淤地坝拦蓄水量还原计算方法 [J]. 水文, 2016, 36, (4): 12 - 18.

[63] Sajikumar N, Thandaveswara B S. A non - linear rainfall - runoff model using an artificial neural network [J]. Journal of Hydrology, 1999, 32 - 55.

[64] Whigham P A, Crapper P F. Modelling rainfall - runoff using genetic programming [J]. Mathematical and Computer Modelling, 2001, 33 (6 - 7): 707 - 721.

[65] 崔胜辉, 李旋旗, 李扬, 等. 全球变化背景下的适应性研究综述 [J]. 地理科学进展, 2011, 30 (9): 1088 - 1098.

[66] Holling C S. Adaptive environmental assessment and management [M]. New York: John Wiley and Sons, 1978.

[67] Walters C J. Adaptive management of renewable resources [M]. New York: Macmillian, 1986.

[68] Cyert R M, March J G. A behavioral theory of the firm [M]. Englewood Cliffs, NJ: Prentice - Hall, Inc, 1963.

[69] Brewer G D. An analyst's view of the uses and abuses of modeling for decision making [M]. Rand Corporation, 1975.

[70] Johnson B L. The role of adaptive management as an operational approach for resource management agencies [J]. Conservation Ecology, 2003, 3 (2): 8.

[71] Ludwig D, Hilborn R, Walters C. Uncertainty, resource exploitation, and conservation: Lessons from history [J]. Science, 1993, 3 (5104): 548 - 549.

[72] 于贵瑞, 谢高地, 于振良, 等. 我国区域尺度生态系统管理中的几个重要生态学命题 [J]. 应用生态学报, 2002, 13 (7): 885 - 891.

[73] 于贵瑞. 生态系统管理学的概念框架及其生态学基础 [J]. 应用生态学报, 2001, 12

(5)：787 – 794.

［74］ Folke C，Carpenter S R，Walker B，et al. Resilience thinking：Integrating resilience，adaptability and transformability ［J］. Ecology & Society，2010，15 （4）：299 – 305.

［75］ Clark M J. Dealing with uncertainty：adaptive approaches to sustainable river management ［J］. Aquatic Conservation Marine & Freshwater Ecosystems，2010，12 （4）：347 – 363.

［76］ Kingsford R T，Biggs H C，Pollard S R. Strategic adaptive management in freshwater protected areas and their rivers ［J］. Biological Conservation，2011，144 （4）：1194 – 1203.

［77］ Lee K N. Appraising adaptive management ［J］. Conservation Ecology，1999，3 （2）：3.

［78］ George R Y，Cairns S D. Conservation and adaptive management of seamount and deep – sea coral ecosystems ［J］. Bulletin of Marine Science，2007，81 （2）：281 – 300.

［79］ Wells S，Makoloweka S，Samoilys M. Putting adaptive management into practice：collaborative coastal management in Tanga，northern Tanzania ［M］. Nairobi：IUCN Eastern Africa Regional Programme，2007.

［80］ Prato T. Bayesian adaptive management of ecosystems ［J］. Ecological Modelling，2016，183 （2 – 3）：147 – 156.

［81］ Geldof G D. Adaptive water management：integrated water management on the edge of chaos ［J］. Water Ence& Technology，1995，32 （1）：7 – 13.

［82］ Wieringa M J，Morton A G. Hydropower，adaptive management，and biodiversity ［J］. Environmental Management，1996，20 （6）：831 – 840.

［83］ Meretsky V J，Wegner D L，Stevens L E. Balancing endangered species and ecosystems：A case study of adaptive management in Grand Canyon ［J］. Environmental Management，2000，25 （6）：579.

［84］ Bars L M. An agent – based simulation testing the impact of water allocation on farmers' collective behaviors ［J］. Simulation，2005，81 （3）：223 – 235.

［85］ Kathrin K，Claudia P. A framework for the analysis of governance structures applying to groundwater resources and the requirements for the sustainable management of associated ecosystem services ［J］. Water Resources Management，2011，25 （13）：3387 – 3411.

［86］ Syme G J. Acceptable risk and social values：struggling with uncertainty in Australian water allocation ［J］. Stochastic Environmental Research and Risk Assessment，2014，28 （1）：113 – 121.

［87］ Null S E，Prudencio L. Climate change effects on water allocations with season dependent water rights ［J］. Science of the Total Environment，2016 （571）：943 – 954.

［88］ Bennett J，Lawrence P，Johnstone R，et al. Adaptive management and its role in managing Great Barrier Reef water quality ［J］. Marine Pollution Bulletin，2005，51 （1/4）：70 – 75.

［89］ Gregory R，Failing L，Higgins P. Adaptive management and environmental decision making：A case study application to water use planning ［J］. Ecological Economics，2006，58 （2）：434 – 447.

［90］ Pahl – Wostl C. Transitions towards adaptive management of water facing climate and global change ［J］. Water Resources Management，2007，21 （1）：49 – 62.

[91] Milly P C D, Betancourt J, Falkenmark M, et al. Stationarity is dead: Whither water management? [J]. Science, 2008, 319 (2): 1 – 7.

[92] Kalwij I M, Peralta R C. Non – adaptive and adaptive hybrid approaches for enhancing water quality management [J]. Journal of Hydrology, 2008, 358 (3 – 4): 182 – 192.

[93] Pahl – Wostl C. Requirements for adaptive water management [M]. Berlin: Springer – Verlag Berlin, 2008.

[94] Lempert R J, Groves D G. Identifying and evaluating robust adaptive policy responses to climate change for water management agencies in the American West [J]. Technol. Forecast Soc., 2010, 77 (6): 960 – 974.

[95] Lynam T, Drewry J, Higham W, et al. Adaptive modelling for adaptive water quality management in the Great Barrier Reef region, Australia [J]. Environmental Modelling & Software, 2010, 25 (11): 1291 – 1301.

[96] Moglia M, Cook S, Sharma A K, et al. Assessing decentralized water solutions: towards a framework for adaptive learning [J]. Water Resources Management, 2011, 25 (1): 217 – 238.

[97] Georgakakos A P, Yao H, Kistenmacher M G, et al. Value of adaptive water resources management in Northern California under climatic variability and change: Reservoir management [J]. Journal of Hydrology, 2012 (412): 34 – 46.

[98] 冯耀龙, 韩文秀, 王宏江, 等. 面向可持续发展的区域水资源优化配置研究 [J]. 系统工程理论与实践, 2003, 23 (2): 133 – 138.

[99] 佟金萍, 王慧敏. 流域水资源适应性管理研究 [J]. 软科学, 2006, 20 (2): 59 – 61.

[100] 夏军, 李璐, 严茂超, 等. 气候变化对密云水库水资源的影响及其适应性管理对策 [J]. 气候变化研究进展, 2008, 4 (6): 319 – 323.

[101] 曹建廷. 气候变化对水资源管理的影响与适应性对策 [J]. 中国水利, 2010, 1: 7 – 11.

[102] 刘芳. 基于 AHP 的水资源适应性管理研究 [J]. 现代管理科学, 2010 (9): 108 – 110.

[103] 刘小峰, 盛昭瀚, 金帅. 基于适应性管理的水污染控制体系构建——以太湖流域为例 [J]. 中国人口·资源与环境, 2011, 21 (2): 73 – 78.

[104] 于荣, 王慧敏, 牛文娟, 等. 漳河流域水资源冲突政策影响机制模拟 [J]. 系统工程理论与实践, 2013, 33 (4): 1067 – 1075.

[105] 秦剑. 水环境危机下北京市水资源供需平衡系统动力学仿真研究 [J]. 系统工程理论与实践, 2015 (3): 671 – 676.

[106] 徐宁, 公彦德, 柏菊. 动态灰预测模型的缓冲适应性建模方法 [J]. 系统工程理论与实践, 2019, 39 (10) 9.

[107] 孙东亚, 董哲仁, 赵进勇. 河流生态修复的适应性管理方法 [J]. 水利水电技术, 2007, 38 (2): 57 – 59.

[108] 马赟杰, 黄薇, 霍军军. 我国环境流量适应性管理框架构建初探 [J]. 长江科学院院报, 2011, 28 (12): 88 – 92.

[109] Wu M, Chen A. Practice on ecological flow and adaptive management of hydropower engineering projects in China from 2001 to 2015 [J]. Water Policy, 2018, 20 (2): 336 – 354.

[110] Little J D C. The use of storage water in a hydroelectric system [J]. Journal of the Operational Research Society of America, 1955, 3 (2): 187 - 197.

[111] Howard R A. Dynamic programming and Markov processes [J]. Mathematical Gazette, 1960, 3 (358): 120.

[112] Daniel P. Some comments on linear decision rules and chance constraints [J]. Water Resources Research, 1970, 63 (2): 668 - 671.

[113] Windsor, James S. A programing model for the design of multi reservoir flood control systems [J]. Water Resources Research, 1975, 11 (1): 30 - 36.

[114] Rossman L A. Reliability - constrained dynamic programing and randomized release rules in reservoir management [J]. Water Resources Research, 1977, 13 (2): 247 - 255.

[115] Turgeon A. Optimal short - term hydro - scheduling form the principle of progressive optimality [J]. Water Resources Research, 1981, 17 (3): 484 - 486.

[116] Bras R L, Buchanan R, Curry K C. Real time adaptive closed loop control of reservoirs with the High Aswan Dam as a case study [J]. Water Resources Research, 1983, 19 (1): 33 - 52.

[117] Olcay I Unver, Larry W Mays. Model for real - time optimal flood control operation of a reservoir system [J]. Water Resources Management, 1990, 4 (1): 21 - 46.

[118] Jain S K, Yoganarasimhan G N, Seth S M. A risk - based approach for flood control operation of a multipurpose reservoir [J]. Jawra Journal of the American Water Resources Association, 1992, 28 (6): 1037 - 1043.

[119] Yeh W W. Reservoir management and operations models: A state - of - the - art review [J]. Water Resources Research, 1985, 21 (12): 1797 - 1818.

[120] Richter B D, Baumgartner J V, Powell J, et al. A method for assessing hydrologic alteration within ecosystems [J]. Conservation Biology, 1996, 10 (4): 1163 - 1174.

[121] Richter B D, Summar Y. How much water does a river need? [J]. Freshwater Biology, 1997, 37 (1): 231 - 249.

[122] Marie - Jose Salenon A, Jean - Marc Thebault. Simulation model of a mesotrophic reservoir (Lac de Pareloup, France): MELODIA, an ecosystem reservoir management model [J]. Ecological Modeling, 1996, 84: 163 - 187.

[123] Kingsford R T, Curtin A L, Porter J. Water flow on Cooper Creek in arid Australia determine 'boom' and 'bust' periods for water birds [J]. Biological Conservation, 1999, 88 (2): 231 - 248.

[124] Saltveit S J, Halleraker J H, Arnekleiv J V, et al. Field experiments on stranding in juvenile Atlantic salmon (Salmo salar) and brown trout (Salmo trutta) during rapid flow decreases caused by hydropeaking [J]. Regulated Rivers: Research & Management, 2001, 17 (4 - 5): 609 - 622.

[125] Johnson Brett M, Saito Laurel, Anderson Mark A. Effects of climate and dam operations on reservoir thermal structure [J]. Journal of Water Resources Planning and Management, 2004, 2: 112 - 122.

[126] Shiau J, Wu F. Pareto - optimal solutions for environmental flow schemes incorporating

the intra‐annual and interannual variability of the natural flow regime [J]. Water Resources Research，2007，43：W6433.

[127] Yu C，Yin X A，Yang Z，et al. A shorter time step for eco‐friendly reservoir operation does not always produce better water availability and ecosystem benefits [J]. Journal of Hydrology，2016，540：900－913.

[128] Adams L E，Lund J R，Moyle P B，et al. Environmental hedging：a theory and method for reconciling reservoir operation for downstream ecology and water supply [J]. Water Resources Research，2017，53（9）：7816－7831.

[129] Alafifi A H，Rosenberg D E. Systems modeling to improve river，riparian，and wetland habitat quality and area [J]. Environmental Modelling and Software，2020，126.

[130] 马光文，王黎，沃尔特. 水电站优化调度的 FP 遗传算法 [J]. 系统工程理论与实践，1996，16（11）：1－6.

[131] 陈洋波，王先甲，冯尚友. 考虑发电量与保证出力的水库调度多目标优化方法 [J]. 系统工程理论与实践，1998，18（4）：95－101.

[132] 原文林，吴泽宁，黄强，等. 梯级水库短期发电优化调度的协进化粒子群算法应用研究 [J]. 系统工程理论与实践，2012，32（5）：1136－1142.

[133] 冯峰，孙五继. 洪水资源化的实现途径及手段探讨 [J]. 中国水土保持，2005，9：4－5.

[134] 王浩，王建华，秦大庸. 流域水资源合理配置的研究进展与发展方向 [J]. 水科学进展，2004，15（1）：123－128.

[135] 钮新强，谭培伦. 三峡工程生态调度的若干探讨 [J]. 中国水利，2006，14：8－10，24.

[136] 周孝明，陈亚宁，李卫红，等. 近50年来塔里木河流域下游生态系统退化社会经济因素分析 [J]. 资源科学，2008（9）：1389－1396.

[137] 胡和平，刘登峰，田富强，等. 基于生态流量过程线的水库生态调度方法研究 [J]. 水科学进展，2008，19（3）：325－332.

[138] 康玲，黄云燕，杨正祥，等. 水库生态调度模型及其应用 [J]. 水利学报，2010，2，41（2）：134－141.

[139] 王煜，戴会超，王冰伟，等. 优化中华鲟产卵生境的水库生态调度研究 [J]. 水利学报，2013，3：319－326.

[140] 杨扬. 考虑生态需水分析的水库调度研究 [D]. 大连：大连理工大学，2012.

[141] 毛陶金. 面向鱼类资源保护的安康水库生态需水调度研究 [D]. 南京：南京信息工程大学，2014.

[142] 邓铭江，黄强，畅建霞，等. 大尺度生态调度研究与实践 [J]. 水利学报，2020，7：757－773.

[143] 郭菊娥，邢公奇，何建武. 黄河流域水资源空间利用结构的实证分析 [J]. 管理科学学报，2005，8（6）：37－42.

[144] 程根伟. 最优化与随机模拟联合运用的双层多级水资源系统模型 [J]. 系统工程学报，1996，11（1）：71－78.

[145] 叶文虎，魏斌，仝川. 城市生态补偿能力衡量和应用 [J]. 中国环境科学，1998（4）：11－14.

[146] 王爱敏. 水源地保护区生态补偿制度研究 [D]. 泰安：山东农业大学，2016.

[147] 董哲仁. 筑坝河流的生态补偿 [J]. 中国工程科学，2006，8（1）：5-10.

[148] 王立安. 生态补偿对贫困农户影响的研究思路——以甘肃省陇南市退耕还林项目为例 [J]. 广东海洋大学学报，2011，31（2）：42-46.

[149] 黄菲，史虹. 我国水电开发生态补偿模式的探究及应用 [J]. 水利经济，2015，33（3）：24-27，76.

[150] 洪尚群，马丕京，郭慧光. 生态补偿制度的探索 [J]. 环境科学与技术，2001（5）：40-43.

[151] 毛显强，钟瑜，张胜. 生态补偿的理论探讨 [J]. 中国人口·资源与环境，2002（4）：40-43.

[152] Corbera E，Soberanis C G，Brown K. Institutional dimensions of payments for ecosystem services：an analysis of Mexico's Carbon Forestry Programme [J]. Ecological Economics，2009，68（3）：743-761.

[153] 李文华，刘某承. 关于中国生态补偿机制建设的几点思考 [J]. 资源科学，2010，32（5）：791-796.

[154] 王前进，王希群，陆诗雷，等. 生态补偿的经济学理论基础及中国的实践 [J]. 林业经济，2019，41（1）：3-23.

[155] 杨倩. 重点生态功能区生态补偿机制建立探索 [J]. 环境与可持续发展，2018，43（6）：97-100.

[156] 成小江，开芳. 流域生态补偿机制研究综述 [J]. 华北水利水电大学学报（社会科学版），2018，34（4）：9-13.

[157] 刘青，胡振鹏. 鄱阳湖流域生态补偿机制初探 [J]. 江西师范大学学报（自然科学版），2010，34（5）：547-550.

[158] 中国生态补偿机制与政策研究课题组. 中国生态补偿机制与政策研究 [M]. 北京：科学出版社，2007.

[159] 孔凡斌. 江河源头水源涵养生态功能区生态补偿机制研究——以江西东江源区为例 [J]. 经济地理，2010，30（02）：299-305.

[160] Pham T T，Campbell B M，Garnett S. Lessons for pro-poor payments for environmental services：An analysis of projects in Vietnam [J]. The Asia Pacific Journal of Public Administration，2009，31（2）：117-133.

[161] Engel S，Pagiola S，Wunder S. Designing payments for environmental services in theory and practice：An overview of the issues [J]. Ecological Economics，2008，65（4）：663-674.

[162] 欧阳志云，赵同谦，王效科，等. 水生态服务功能分析及其间接价值评价 [J]. 生态学报，2004（10）：2091-2099.

[163] 谢高地，甄霖，鲁春霞，等. 一个基于专家知识的生态系统服务价值化方法 [J]. 自然资源学报，2008（5）：911-919.

[164] 潘华，刘晓艺. 云南森林生态系统服务功能经济价值评价 [J]. 生态经济，2018，34（5）：201-206，211.

[165] 刘青. 江河源区生态系统服务价值与生态补偿机制研究 [D]. 南昌：南昌大学，2007.

[166] 高振斌，王小莉，苏婧，等. 基于生态系统服务价值评估的东江流域生态补偿研究

［J］. 生态与农村环境学报，2018，34（6）：563 - 570.

［167］ 潘叶，王腊春，张燕. 基于生态价值的幕府山采矿废弃地修复效果评估 ［J］. 水土保持研究，2019，26（2）：180 - 186.

［168］ 陈万旭，李江风，朱丽君. 长江中游地区生态系统服务价值空间分异及敏感性分析 ［J］. 自然资源学报，2019，34（2）：325 - 337.

［169］ 叶舟. 水能资源优化配置机理研究 ［M］. 北京：中国水利水电出版社，2017.

［170］ 曾绍伦，任玉珑. 四川水能资源开发利用的生态补偿机制研究 ［J］. 四川理工学院学报（自然科学版），2006（6）：101 - 107.

［171］ 陈明曦，刘晓庆，杨玖贤. 流域水电开发生态补偿机制初探——以四川省金沙江支流硕曲河为例 ［J］. 环境与可持续发展，2013，38（4）：65 - 68.

［172］ Ozelkan E C, Duckstein, et al. Fuzzy conceptual rainfall - runoff models ［J］. Journal of Hydrology Amsterdam，2001，253（1）：41 - 68.

［173］ Yeshewatesfa Hundecha, András Bárdossy. Modeling of the effect of land use changes on the runoff generation of a river basin through parameter regionalization of a watershed model ［J］. Journal of Hydrology，2004，292（1）：281 - 295.

［174］ Onsted C A, Jamieson D G. Modeling the effects of land use modifications on runoff ［J］. Water Resource Research，1970，6（5）：1287 - 1295.

［175］ 乔云峰，夏军，王晓红，等. 投影寻踪法在径流还原计算中的应用研究 ［J］. 水力发电学报，2007（1）：8 - 12.

［176］ 陈佳蕾，钟平安，刘畅，等. 基于SWAT模型的径流还原方法研究——以大汶河流域为例 ［J］. 水文，2016，6：28 - 34.

［177］ 王中根，刘昌明，黄友波. SWAT模型的原理、结构及应用研究 ［J］. 地理科学进展，2003，22（1）：79 - 86.

［178］ 邹松兵，尹振良，汪党献，等. SWAT2009输入输出文件手册 ［M］. 郑州：黄河水利出版社，2012：190.

［179］ 王胜，许红梅，高超，等. 基于SWAT模型分析淮河流域中上游水量平衡要素对气候变化的响应 ［J］. 气候变化研究进展，2015，11（6）：402 - 411.

［180］ 刘玉年，施勇，程绪水，等. 淮河中游水量水质联合调度模型研究 ［J］. 水科学进展，2009（2）：177 - 183.

［181］ 赵长森，刘昌明，夏军，等. 闸坝河流河道内生态需水研究——以淮河为例 ［J］. 自然资源学报，2008，23（3）：400 - 411.

［182］ Holdren J, Ehrlich P R. Human population and the global environment ［J］. American Scientist，1974，62（3）：282 - 292.

［183］ Ehrlich P R, Ehrlich A H. Extinction ［M］. New York：Ballantine，1981.

［184］ Daily G C. Natures′services：societal dependence on natural ecosystems ［M］. Washington D C：Island Press，1997.

［185］ Costanza R, Mageau M. What is a healthy ecosystem ［J］. Aquatic Ecology，1999，33：105 - 115.

［186］ Millennium ecosystem assessment. Ecosystems and human well - being - A framework for assessment ［M］. Washington D C：Island Press，2003.

［187］ 肖建红，施国庆，毛春梅，等. 水利工程对河流生态系统服务功能影响经济价值评价

[J]. 水利经济, 2008 (6): 29 - 33, 68.

[188] 裴厦, 谢高地, 鲁春霞, 等. 水利工程梯级开发对河流生态系统服务累积影响浅析——以猫跳河为例 [J]. 资源科学, 2011, 33 (8): 1469 - 1474.

[189] 莫创荣, 孙艳军, 高长波, 等. 生态价值评估方法在水电开发环境评价中的应用研究 [J]. 水资源保护, 2006 (5): 18 - 21.

[190] 魏国良, 崔保山, 董世魁, 等. 水电开发对河流生态系统服务功能的影响——以澜沧江漫湾水电工程为例 [J]. 环境科学学报, 2008 (2): 235 - 242.

[191] 杜金鸿, 刘方正, 周越, 等. 自然保护地生态系统服务价值评估研究进展 [J]. 环境科学研究, 2019, 32 (9): 1475 - 1482.

[192] 潘兴良, 徐琳瑜, 杨志峰. 生态补偿理论研究进展 [J]. 中国环境管理, 2016, 8 (6): 32 - 37.

[193] 肖建红, 施国庆, 毛春梅, 等. 水坝对河流生态系统服务功能影响评价 [J]. 生态学报, 2007 (2): 526 - 537.

[194] 韶关市统计局, 国家统计局韶关调查队. 2017 年韶关统计年鉴 [M]. 北京: 中国统计出版社, 2017.

[195] 鲁传一, 周胜, 陈星. 水能资源开发生态补偿的测算方法与标准探讨 [J]. 生态经济, 2011 (3): 27 - 33.

[196] 赵同谦, 欧阳志云, 郑华, 等. 中国森林生态系统服务功能及其价值评价 [J]. 自然资源学报, 2004 (4): 480 - 491.

[197] 陈敏, 李绍才, 孙海龙, 等. 雅砻江下游梯级开发对河流生态系统服务功能的影响 [J]. 水力发电学报, 2011, 30 (1): 89 - 93, 107.

[198] Tian J H, Yu L, Zheng Z H. A study of ecological water use based on the improved Tennant method [J]. Advanced Materials Research, 2010, 113 - 116: 1504 - 1508.

[199] 刘贵花, 朱婧瑄, 熊梦雅, 等. 基于变动范围法 (RVA) 的信江水文改变及生态流量研究 [J]. 水文, 2016, 36 (1): 51 - 57.

[200] Wilding T K, Bledsoe B, Poff N L, et al. Predicting habitat response to flow using generalized habitat models for trout in rocky mountain streams [J]. River Research & Applications, 2015, 30 (7): 805 - 824.

[201] Petts G E. In stream flow science for sustainable river management [J]. Journal of the American Water Resources Association, 2009, 45 (5): 1071 - 1085.

[202] Poff N L, Allan J D, Bain M B. The nature flow regime: a paradigm for river conservation and restoration [J]. BioScience, 1997, 47: 769 - 784.

[203] The Nature Conservancy. Indicators of hydrologic alteration [M]. UAS: The Nature Conservancy, 2009: 1 - 20.

[204] Richter B D. How much water does a river need [J]. Freshwater Biology, 1997, 32 (2): 231 - 249.

[205] Francis J M, Keith H N. Changes in hydrologic regime by dams [J]. Geomorphology, 2005, 71: 61 - 78

[206] Yang T, Zhang Q, Chen Y D, et al. A spatial assessment of hydrologic alteration caused by dam construction in the middle and lower Yellow River, China [J]. Hydrological Processes, 2008, 22: 3829 - 3843.

[207] 王如松. 资源、环境与产业转型的复合生态管理 [J]. 系统工程理论与实践, 2003, 23 (2): 125 - 132.

[208] 贾伟强, 贾仁安, 兰琳, 等. 消除增长上限制约的管理对策生成法——以银河杜仲区域规模养种生态能源系统发展为例 [J]. 系统工程理论与实践, 2012, 32 (6): 1278 - 1289.

[209] 肖忠东, 孙林岩, 吕坚. 经济系统与生态系统的比较研究 [J]. 管理工程学, 2003 (4): 23 - 27.

[210] 满大庆, 侯亚丁. 生态价格: 对生态经济系统的动态分析 [J]. 管理科学学报, 2004 (1): 25 - 29.

[211] 陈竹青. 长江中下游生态径流过程的分析计算 [D]. 南京: 河海大学, 2005.

[212] 李捷, 夏自强, 马广慧, 等. 河流生态径流计算的逐月频率计算法 [J]. 生态学报, 2007 (7): 260 - 265.

[213] 许可. 面向生态保护和恢复的梯级水电站联合优化调度研究 [D]. 武汉: 华中科技大学, 2011.

[214] 顾然. 基于 RVA 框架的水库生态调度研究及决策支持系统开发 [D]. 武汉: 华中科技大学, 2011.

[215] Chen X H. Flood and its risk analysis in Xizhi River basin//Proceedings of South and East Asia Regional Symposium on Tropical Storm and Related Flooding [J]. Hohai University Press, 1994, 1: 307 - 314.

[216] 纪昌明, 李荣波, 刘丹, 等. 基于矩估计灰靶模型的梯级水电站负荷调整方案综合评价 [J]. 系统工程理论与实践, 2018, 38 (6): 1609 - 1617.

[217] 唐蕴, 王浩, 陈敏建, 等. 黄河下游河道最小生态流量研究 [J]. 水土保持学报, 2004, 18 (3): 171 - 174.

[218] 马真臻, 王忠静, 郑航, 等. 基于低风险生态流量的黄河生态用水调度研究 [J]. 水力发电学报, 2012 (5): 63 - 70.

[219] Harman C, Stewardson M. Optimizing dam release rules to meet environmental flow targets [J]. River Research and Applications, 2005, 21 (2/3): 113 - 129.

[220] Richter B D, Thomas G A. Restoring environmental flows by modifying dam operations [J]. Ecology and Society, 2007, 12 (1): 12.

[221] Gates K K, Kerans B L. Habitat use of an endemic mollusc assemblage in a hydrologically altered reach of the snake river, USA [J]. River Research and Applications, 2014, 30 (8): 976 - 986.

[222] 赵越, 周建中, 许可, 等. 保护四大家鱼产卵的三峡水库生态调度研究 [J]. 四川大学学报 (工程科学版), 2012, 44 (4): 45 - 50.

[223] 徐薇, 杨志, 陈小娟, 等. 三峡水库生态调度试验对四大家鱼产卵的影响分析 [J]. 环境科学研究, 2020, 268 (5): 69 - 79.

[224] 方志耕, 刘思峰, 谢敦礼, 等. 基于有限理性的一级密封价格拍卖灰博弈模型研究——基于准确的价值和经验理想报价估价的最优灰报价模型 [J]. 管理工程学报, 2006 (3): 98 - 103.

[225] 陈志松. 前景理论视角下考虑战略顾客行为的供应链协调研究 [J]. 管理工程学报, 2017, 31 (4): 93 - 100.

[226] 曹麒麟, 王文轲. 基于有限理性和技术战略的风险投资决策研究 [J]. 管理科学学报,

2015，18 （11）：25 - 34.

［227］ 达庆利，张骥骥. 有限理性条件下进化博弈均衡的稳定性分析 ［J］. 系统管理学报，2006，15 （3）：279 - 284.

［228］ 孙世民，张园园. 基于进化博弈的猪肉供应链质量投入决策机制研究 ［J］. 运筹与管理，2017，26 （5）：89 - 94.

［229］ 吴瑞明，胡代平，沈惠璋. 流域污染治理中的演化博弈稳定性分析 ［J］. 系统管理学报，2013，22 （6）：797 - 801.

［230］ 金菊良，张礼兵，张少文，等. 层次分析法在水资源工程环境影响评价中的应用 ［J］. 系统管理学报，2004，13 （2）：187 - 192.

［231］ 谭佳音，蒋大奎. 基于水资源合作的水资源短缺区域水资源优化配置 ［J］. 系统管理学报，2020，29 （2）：180 - 191.

［232］ 赖苹，曹国华，朱勇. 基于微分博弈的流域水污染治理区域联盟研究 ［J］. 系统管理学报，2013，22 （3）：308 - 316.

［233］ Friedman D. Evolutionary game in economics ［J］. Econometrica，1991，59 （3）：637 - 666.

［234］ 詹文杰，邹轶. 基于演化博弈的讨价还价策略研究 ［J］. 系统工程理论与实践，2014，34 （5）：1181 - 1187.

［235］ Freeman R E，Evan W M. Corporate governance：A stakeholder interpretation ［J］. Journal of Behavioral Economics，1990，19 （4）：337 - 359.

［236］ 王雅丽，唐德善，刘洋. 基于和谐发展观的资源开发生态补偿机制研究 ［J］. 科技管理研究，2009，29 （9）：93 - 96.

［237］ 姜曼. 大伙房水库上游地区生态补偿研究 ［D］. 长春：吉林大学，2009.

［238］ 程臻宇，刘春宏. 国外生态补偿效率研究综述 ［J］. 经济与管理评论，2015，31 （6）：26 - 33.

［239］ 程臻宇，侯效敏. 生态补偿政策效率困境浅析 ［J］. 环境与可持续发展，2015，40 （3）：50 - 52.

［240］ Wang G，Fang Q，Zhang L，et al. Valuing the effects of hydropower development on watershed ecosystem services case studies in the Jiulong River Watershed，Fujian Province，China ［J］. Estuar Coast Shelf Sci，2010：363 - 368.

［241］ 陈雪. 水电开发的生态补偿理论与应用研究 ［D］. 成都：西南交通大学，2010.

［242］ Fu B，Wang Y K，Xu P，et al. Value of ecosystem hydropower service and its impact on the payment for ecosystem services ［J］. Science of the Total Environment，2014，472：338 - 346.

［243］ 禹雪中. 国际绿色水电认证经验与借鉴 ［J］. 中国水能及电气化，2015，124 （7）：13 - 15.

［244］ IHA. International hydropower sustainability assessment protocol ［R］. London：International Hydropower Association，2018.

［245］ 中华人民共和国水利部. SL 752—2017 绿色小水电评价标准 ［S］. 北京：中国水利水电出版社，2017.